FORSCHUNGSBERICHTE DES LANDES NORDRHEIN-WESTFALEN

Nr. 1487

Herausgegeben
im Auftrage des Ministerpräsidenten Dr. Franz Meyers
von Staatssekretär Professor Dr. h. c. Dr. E. h. Leo Brandt

DK 536.4:621.785.3
621.783.322:539.4.011.016

Dr.-Ing. Werner Schwenzfeier
Dr.-Ing. Oskar Pawelski

Max-Planck-Institut für Eisenforschung, Düsseldorf

Glühversuche an Stahldrähten
in verschiedenen Ofenatmosphären

WESTDEUTSCHER VERLAG · KÖLN UND OPLADEN 1965

ISBN 978-3-663-00598-8   ISBN 978-3-663-02511-5 (eBook)
DOI 10.1007/978-3-663-02511-5

Verlags-Nr. 011487

© 1965 by Westdeutscher Verlag, Köln und Opladen

Gesamtherstellung: Westdeutscher Verlag

Inhalt

1. Einleitung und Aufgabenstellung 7
2. Versuchsprogramm 9
3. Beschreibung der Glühanlage 10
4. Versuchsdurchführung 12
5. Versuchsergebnisse 14
   - 5.1 Härte 14
   - 5.2 Zugfestigkeit 14
   - 5.3 Biege- und Verwindezahl 16
   - 5.4 Ziehbarkeit (Formänderungsvermögen durch Ziehen) 18
   - 5.5 Werkstoffgefüge 26
   - 5.6 Zunderaufbau und Oberflächenaussehen 41
6. Zusammenfassung 44

Literaturverzeichnis 45

1. Einleitung und Aufgabenstellung

Die große Bedeutung des Stahldrahtes wird augenscheinlich, wenn man sich die Technik ohne Federn, Seile, Ketten, Drahtstifte, Bindedrähte usw. vorzustellen versucht. Diese Vorstellung ist heute kaum noch möglich und zeigt, daß in der modernen Welt der Stahldraht unentbehrlich ist.

Ausgangserzeugnis für den gezogenen Stahldraht ist der Walzdraht, der bis zu einem kleinsten Durchmesser um 5 mm warm gewalzt wird. Bis vor nicht allzu langer Zeit benutzte man dazu noch offene Drahtstraßen. Seit etwa zehn Jahren wird der Walzdraht beinahe ausschließlich, bis auf kleine Edelstahllose, in kontinuierlich arbeitenden Walzstraßen gefertigt.

Drahtdurchmesser unter etwa 5 mm sind in Warmwalzwerken nicht mehr zu erreichen, da einerseits die für eine wirtschaftliche Fertigung erforderliche Endwalzgeschwindigkeit zu hoch wäre, andererseits aber Walzfehler bei kleinen Drahtdurchmessern mehr ins Gewicht fallen, ein maßhaltiges Fertigerzeugnis also immer schwerer zu erreichen ist. Dünnere Drähte werden daher ausschließlich auf Einfach- oder Mehrfach-Ziehmaschinen an den gewünschten Enddurchmesser kalt gezogen.

Vor dem Ziehen wird der Walzdraht chemisch oder mechanisch oder nacheinander auf beide Arten entzundert. Danach wird die Drahtoberfläche so behandelt, daß der beim Ziehen verwendete Schmierstoff gut haftet. Als Schmierstoffträger dient sehr häufig Kalk.

Beim Ziehen tritt eine Kaltverfestigung des Werkstoffes auf, die von der chemischen Zusammensetzung und der Wärmebehandlung des Drahtes vor dem Ziehen abhängt. Durch sie ist die Anzahl der möglichen Züge begrenzt [1, 2]. Bei einem unlegierten Stahldraht mit hohem Kohlenstoffgehalt ist beispielsweise nach einer Gesamtquerschnittsabnahme von 60 bis 70% das Formänderungsvermögen erschöpft. Wird durch Weiterziehen das Formänderungsvermögen überschritten, dann reißt das Gefüge entsprechend der Spannungsverteilung über dem Querschnitt im Inneren des Drahtes auf [3]. Der Draht ist dann »überzogen« [1].

Um Schäden durch »Überziehen« zu vermeiden, muß nach einigen Zügen die starke Verfestigung durch Normalglühen wieder beseitigt werden.

Nachteilig bei diesen Zwischenglühungen, wie bei jeder anderen Glühbehandlung, ist das Verzundern des Glühgutes. Dadurch tritt eine Veränderung der Oberfläche ein, die meistens unerwünscht, manchmal untragbar ist. Die stets wachsenden Ansprüche an die Oberflächengüte gezogener Drähte haben für eine Reihe von Anwendungsfällen dazu geführt, den Glühvorgang so zu steuern, daß ein Verzundern des Glühgutes weitgehend vermindert oder unter Umständen sogar ausgeschaltet wird. Als mögliche Wege hierzu boten sich das Glühen im Vakuum oder in einer Schutzgasatmosphäre an.

Wie weit die Glühatmosphäre, die aus inerten oder reduzierenden Gasen bestehen kann, die technologischen Eigenschaften des geglühten Drahtes verändert und damit seine Weiterverarbeitung durch Ziehen beeinflußt, soll im folgenden betrachtet werden.

2. Versuchsprogramm

Als Glühgut wurden drei Werkstoffe mit unterschiedlicher chemischer Zusammensetzung gewählt: ein weicher kohlenstoffarmer Stahl, ein unlegierter Stahl mit höherem Kohlenstoffgehalt, an dem besonders gut die Erscheinung der Randentkohlung sichtbar zu machen ist, und ein legierter Stahl mit rd. 18% Cr und rd. 8% Ni. Einzelheiten zur chemischen Zusammensetzung dieser drei Stähle, die im folgenden mit A, B und C bezeichnet werden, gehen aus Tab. 1 hervor.

Tab. 1 Chemische Zusammensetzung der Versuchswerkstoffe

	% C	% Si	% Mn	% P	% S	% Cr	% Ni
Stahl A	0,06	0,03	0,32	0,008	0,024	–	–
Stahl B	0,74	0,24	0,51	0,010	0,016	–	–
Stahl C	0,13	0,93	0,21	0,005	0,025	17,7	8,5

Um betriebsähnliche Bedingungen zu schaffen, sollten die Drähte aus den genannten Stählen in Ringform in einem Ofen geglüht werden, der Glühungen im Vakuum und unter Schutzgas ermögliche. Der Ofen wird in Abschnitt 3 noch näher beschrieben.
Neben den technisch bedeutenden Glühbedingungen Vakuum, Argon- und Wasserstoffatmosphäre sollte zu Vergleichszwecken das Glühen in Luft untersucht werden. Außerdem sollte ein Teil der Drähte auch in Kohlendioxyd geglüht werden, da häufig beim betriebsmäßigen Glühen in Gasgemischen oder in verkracktem Ammoniak Glühfehler entstehen, die auf das Einwirken von CO_2 zurückgeführt werden.
Da die drei Stähle entsprechend ihrer unterschiedlichen chemischen Zusammensetzung unterschiedliche Normalglühtemperaturen haben, sollten alle Bunde einzeln geglüht werden. Für den Draht aus Stahl C sollte durch einige Vorversuche ermittelt werden, welchen Einfluß der Verzicht auf das sonst übliche Abschrecken nach dem Glühen hat. Ein Abschrecken in Wasser war nämlich, wie aus der Ofenbeschreibung hervorgeht, nach dem Glühen nicht möglich.
Die Änderung der mechanischen Eigenschaften der untersuchten Drähte, im wesentlichen die Härte, die Zugfestigkeit, die Verwindezahl, die Biegezahl und die Ziehbarkeit in einer für alle Drähte gleich vorgegebenen Ziehsteinreihe sollte als Maß für den Einfluß der verschiedenen Bedingungen beim Normalglühen herangezogen werden. Schließlich sollten metallographische Untersuchungen über das Gefüge und die Zunderausbildung ergänzende Aufschlüsse geben.

3. Beschreibung der Glühanlage

Der für die Glühversuche benutzte Ofen [2] ist so eingerichtet, daß ringförmiges Glühgut, wie Drahtbunde oder Bänder bis zu Abmessungen von 700 mm Außendurchmesser und 600 mm Stapelhöhe im Vakuum oder unter Schutzgas geglüht werden kann.

Die Abb. 1 zeigt den Aufbau der Versuchsanlage. Ein Außenmantel aus geschweißten Stahlblechen (1) umschließt gasdicht den gemauerten Rundofen (3). Blech-

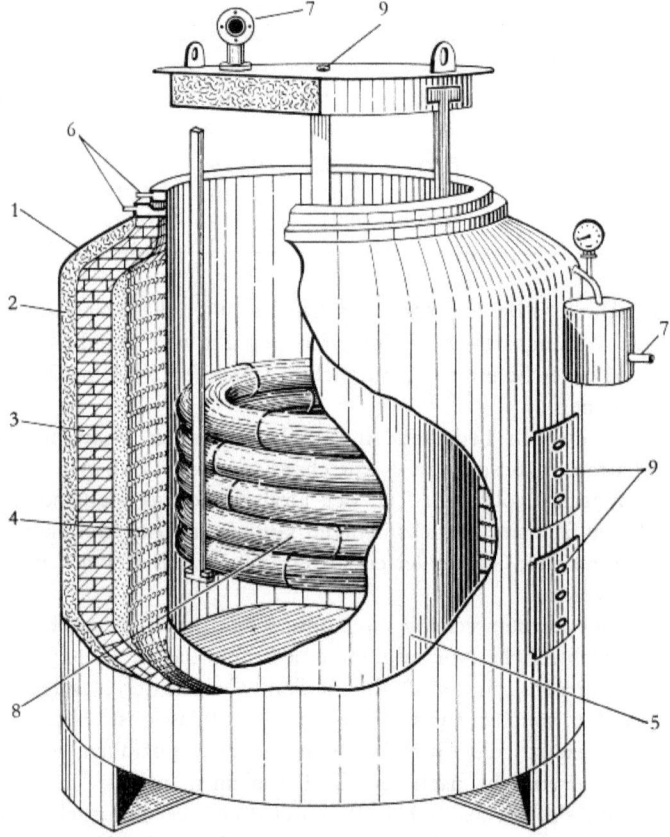

Abb. 1 Aufbau der benutzten Vakuum- und Schutzgas-Glühanlage
1 Außenmantel, 2 Wärmeisolation, 3 Ofenausmauerung, 4 Heizwindungen, 5 Glühtopf, 6 wassergekühlte Vakuumdichtung, 7 Anschluß für Vakuumpumpe und Flutungsventil, 8 Glühgut, an Tragstangen hängend, 9 Öffnungen für Temperaturmeßfühler

mantel (1) und Mauerwerk (3) sind gegeneinander wärmeisoliert (2). An der Innenseite der Ausmauerung liegen in Rillen die elektrischen Heizwindungen (4). Die elektrische Beheizung bietet den Vorteil bequemer Regelbarkeit des Ofens und gestattet darüber hinaus, auf einen besonderen Schutz des dünnwandigen Einsatztopfes (5) gegen nachteilige Einflüsse von Feuerungsgasen zu verzichten. Der Einsatztopf muß dünnwandig sein, um einen guten und schnellen Wärmeübergang von den Heizwindungen (4) auf das Glühgut (8) zu gewährleisten. Beim Glühen unter Vakuum, vor allem bei Temperaturen über 700° C, muß der dünnwandige Einsatztopf (5) druckentlastet werden, was durch gleichzeitiges Evakuieren des Ofen-Außenraumes ermöglicht wird. Nach außen ist der Außenraum des Ofens durch einen Kragen am Einsatztopf und eine wassergekühlte Gummidichtung (6) gasdicht abgeschlossen. In ähnlicher Weise, durch einen Deckel und eine wassergekühlte Gummidichtung (6), ist der Einsatztopf verschlossen. Innen- und Außenraum des Ofens lassen sich unabhängig voneinander evakuieren und mit verschiedenen Gasen fluten. Eine Drehkolben-Vakuumpumpe, die am Absaugstutzen einen Druck von $2 \cdot 10^{-3}$ Torr erreicht, kann während des Glühens im Glühtopf ein Vakuum von etwa 10^{-1} Torr aufrechterhalten. Die Anschlüsse für die Vakuumpumpe und das Flutungsventil sind in Abb. 1 unter (7) eingezeichnet. Bei der Flutung wird das Flutungsgas über Silikagel geleitet und getrocknet. Neben der Flutung des Ofens mit Luft oder einem Schutzgas ist auch der Umlauf eines Gases während des Glühens durch getrennte Ein- und Ausströmöffnungen möglich, so daß Glühungen mit Aufheizen und Abkühlen vollständig unter Schutzgas vorgenommen werden können. Glühtechnisch gesehen erreicht der Ofen beim Vakuumbetrieb seinen besten Wirkungsgrad. Bei ringförmigem Glühgut wird dabei eine sehr gleichmäßige Erwärmung erreicht, da die Gasschicht zwischen den Heizwindungen und der Glühtopfwand fortfällt und somit kein unkontrollierbarer Einfluß durch ungleichmäßige Konvektion ausgeübt werden kann.

Die Ofentemperatur wird mit Thermoelement-Meßfühlern im Einsatztopf und im Außenraum gemessen (9). Eine gleichmäßige Erwärmung ist auch beim Glühen unter Schutzgas dann gegeben, wenn die Temperaturanzeigen im Inneren des Glühtopfes und im Außenraum des Ofens übereinstimmen. Von diesem Zeitpunkt an ist die Haltezeit bei der gewünschten Temperatur zu rechnen.

4. Versuchsdurchführung

Um vergleichbare Anfangsbedingungen zu schaffen, wurden alle Drähte an 4,0 mm Durchmesser kalt gezogen. Der Versuchswerkstoff wurde dann so aufgeteilt, daß von jeder Stahlsorte je ein Drahtbund in jeder der fünf vorgesehenen Ofenatmosphären normalgeglüht werden konnte.

Vor dem Glühen wurden zur Bestimmung von Härte und Zugfestigkeit Proben entnommen.

Entsprechend ihrer chemischen Zusammensetzung wurden für die drei Stahlsorten folgende Normalglühtemperaturen gewählt:

Stahl A: 920° C
Stahl B: 790° C
Stahl C: 1050° C

Die Haltezeit betrug bei allen drei Stählen 20 min. Die Abkühlgeschwindigkeit nach dem Glühen kann bei dem benutzten Ofen nur in sehr geringen Grenzen beeinflußt werden. Da nach dem Glühen von Chrom-Nickel-Stahl ein Abschrecken in Wasser erwünscht, wegen des Einsatzes im geschlossenen Topf aber nicht möglich war, wurde durch einige Vorversuche festgestellt, wie sich die mechanischen Eigenschaften des Stahles C ändern, wenn er nach dem Glühen langsam abkühlt. Die Abb. 2 zeigt das Gefügebild des Drahtes nach dem Abschrecken in Wasser, Abb. 3 nach dem Abkühlen an Luft.

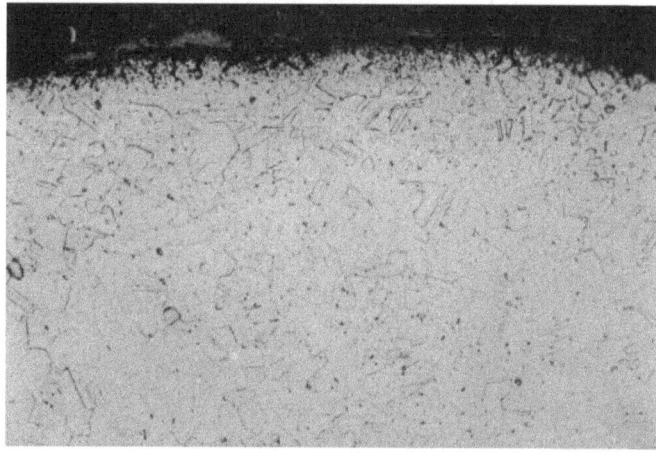

Abb. 2   Gefüge von Stahl C (18% Cr, 8% Ni) nach dem Abschrecken von 1050° C in Wasser; 500:1

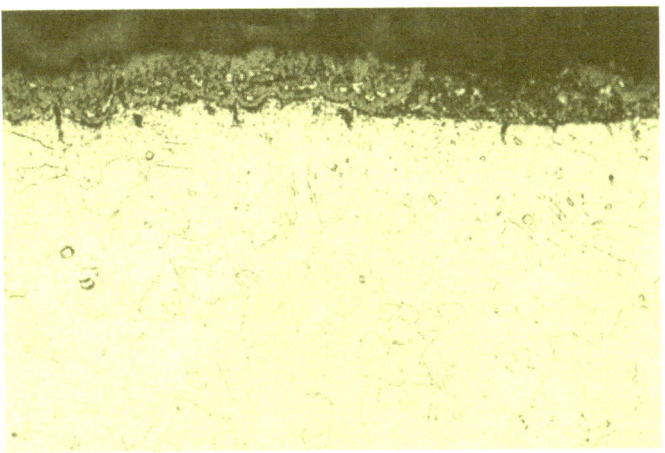

Abb. 3 Gefüge von Stahl C (18% Cr, 8% Ni) nach dem langsamen Abkühlen von 1050°C in Luft; 500:1

Der Unterschied in der Korngröße ist zwar deutlich zu sehen, er ist aber nicht sehr groß. Die Zugfestigkeit erfuhr dadurch kaum eine Änderung. Nach beiden Behandlungsarten wurde die Zugfestigkeit zu 65,5 kg/mm² bestimmt. Obere und untere Streckgrenze des abgeschreckten Drahtes lagen niedriger als die des langsam abgekühlten. Die Mittelwerte aus je drei Messungen waren 38,0 und 27,7 kg/mm² für die obere und untere Streckgrenze des an Luft abgekühlten gegenüber 31,0 und 25,2 kg/mm² des abgeschreckten Drahtes. Die Unterschiede sind als nicht sehr bedeutend anzusehen. Im weiteren Verlauf der Versuche wurden deshalb aus den oben beschriebenen Gründen die Drähte stets im Ofeneinsatztopf abgekühlt.

Von jedem der geglühten Drahtringe wurden für Zug-, Biege- und Verwindeversuche Proben entnommen. Kleinere Probenstückchen zur Anfertigung von metallographischen Schliffen wurden in Kunstharz eingebettet und an beiden Enden plan geschliffen, so daß am einen Ende das Gefüge fotografiert werden konnte, am anderen Ende die Härte über dem Drahtquerschnitt zu messen war. Ein größerer Teil des geglühten Drahtes, jeweils etwa 10 m, wurde auf einem Einfachdrahtzug unter Messung der Ziehkraft gezogen. Die Maschine und die zugehörige Kraftmeßeinrichtung sind bereits früher von W. LUEG und K. H. TREPTOW [3] ausführlich beschrieben worden.

5. Versuchsergebnisse

5.1 Härte

Die Härtemessungen mit einem Kleinlasthärteprüfgerät vor und nach der Glühbehandlung ergaben entlang dem Drahtdurchmesser die in Abb. 4 wiedergegebenen Ergebnisse.
Nach dem Glühen wird, wie zu erwarten war, ein erheblicher Härteabfall beobachtet. Bei den Stählen A und C ist kein Härteunterschied nachzuweisen, der von der Glühatmosphäre hervorgerufen sein könnte; allenfalls wäre eine geringfügige Härteminderung bei Stahl C bei Glühung in Luft oder in Kohlendioxyd zu erwähnen. Bei dem höher gekohlten Stahl B sind zwar größere, aber nicht eindeutig zuzuordnende Härteunterschiede nach dem Glühen in den verschiedenen Ofenatmosphären zu erkennen. Die niedrigsten Härtewerte wurden hier an den in Argon, Wasserstoff und Kohlendioxyd geglühten Drähten gemessen. Da die Härtewerte am Probenrand nur sehr wenig voneinander verschieden sind, obwohl, wie im Abschnitt 5.5 noch beschrieben wird, unterschiedliche Randentkohlung zu beobachten ist, kann darauf geschlossen werden, daß die entkohlte Zone nicht viel tiefer ist als der Abstand des äußersten Härteeindrucks von der Drahtoberfläche.

5.2 Zugfestigkeit

Die Zugfestigkeit der geglühten Drähte ist in Abb. 5 dargestellt.
Für Stahl A werden Werte gefunden, die einander völlig gleich und in keiner Weise von der Glühatmosphäre beeinflußt sind. Bei den Stählen B und C ist die Zugfestigkeit nach dem Glühen im Vakuum geringfügig höher, für den in Luft und in Kohlendioxyd geglühten Draht etwas niedriger als der Mittelwert. Diese Unterschiede dürften auf die später noch zu besprechende Veränderung der Drahtoberfläche durch Verzundern zurückzuführen sein. Die gefundenen Zahlenwerte werden durch die aus den Härtemessungen errechneten Zugfestigkeiten im allgemeinen gut bestätigt, wie Abb. 6 zeigt.
Bei Stahl B führt die Umrechnung aus der Härte allerdings auf etwas zu große Werte.
Alle Abweichungen in den Abb. 5 und 6 liegen innerhalb der Versuchs- und Meßgenauigkeit und sind zu gering, um einen sicheren Rückschluß auf den Einfluß der Glühatmosphäre zu erlauben.

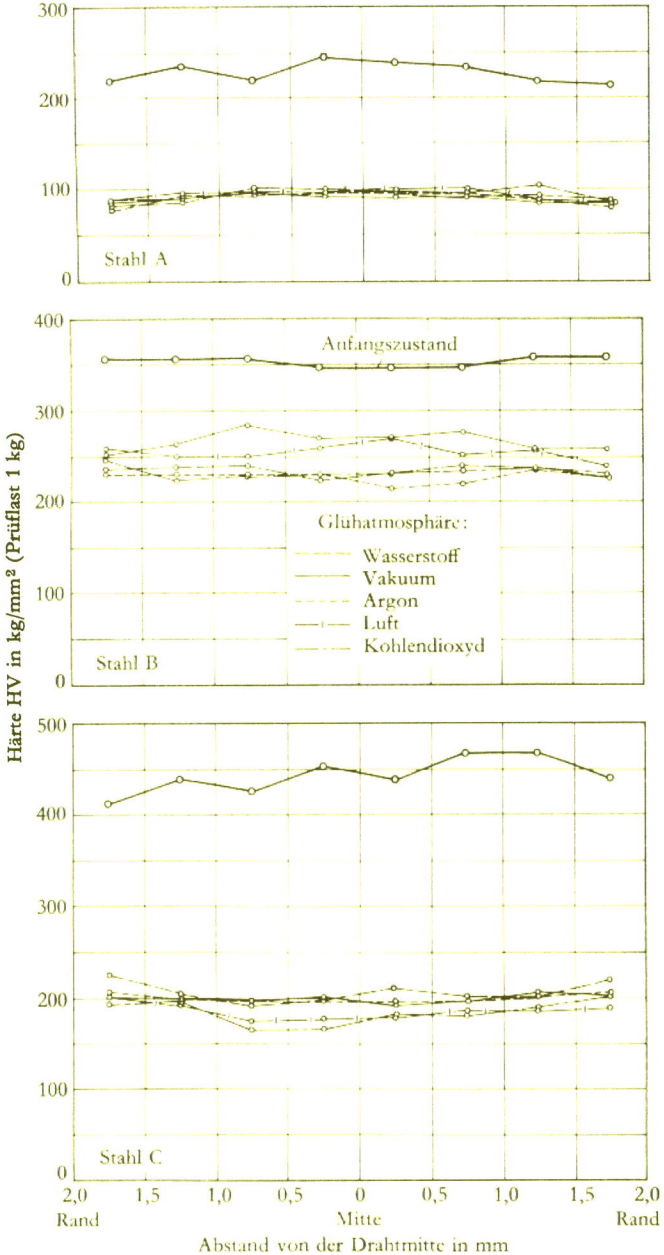

Abb. 4 Verteilung der Härte über dem Drahtquerschnitt im Anfangszustand und nach dem Glühen in verschiedenen Ofenatmosphären

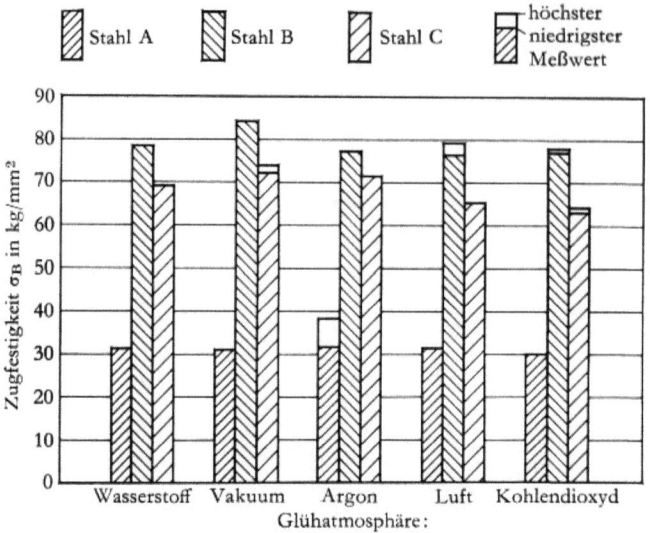

Abb. 5   Abhängigkeit der Zugfestigkeit von der Glühatmosphäre

5.3 Biege- und Verwindezahl

Wie in Abschnitt 5.6 über den Zunderaufbau noch eingehend zu beschreiben sein wird, beeinflußt die Glühatmosphäre besonders die Oberfläche des Ziehgutes. Veränderungen der Oberfläche durch Narben, Korrosionsrisse und sonstige Beschädigungen lassen sich bei Drähten gut durch den Verwindeversuch nachweisen.

In Abb. 7 sind die erreichten Verwindezahlen für die in den unterschiedlichen Ofenatmosphären normalgeglühten Drähte aufgetragen. Während bei Stahl B keine Abhängigkeit zu beobachten ist, zeigen die Werte für die Stähle A und C größere Schwankungen. Bei dem kohlenstoffarmen Stahl A ergibt die Glühung im Vakuum, bei dem Chrom-Nickel-Stahl C die Glühung in Wasserstoff die kleinsten Verwindezahlen. Die Werte wurden je zweimal belegt und bei größeren Unterschieden durch einen dritten Versuch entschieden. Obwohl dabei wiederholbare Zahlen erreicht wurden, ergab sich kein eindeutiges Bild über den Einfluß der Glühatmosphäre auf die Verwindezahl.

Ähnliches gilt auch für die im Hin- und Herbiegeversuch ermittelten Biegezahlen, wie Abb. 7 unten zeigt. Beim weichen Stahl A unterscheiden sich die Biegezahlen um höchstens vier bei einer mittleren Biegezahl von rund 28. Bei den Drähten aus den Stählen B und C ergeben sich höhere prozentuale Abweichungen, die aber bei den geringen mittleren Gesamtbiegezahlen von acht beim Stahl B und zehn beim Stahl C nicht überraschen. Eine deutliche Abhängigkeit der Biegezahl von der Glühatmosphäre ist auch hier nicht zu ersehen.

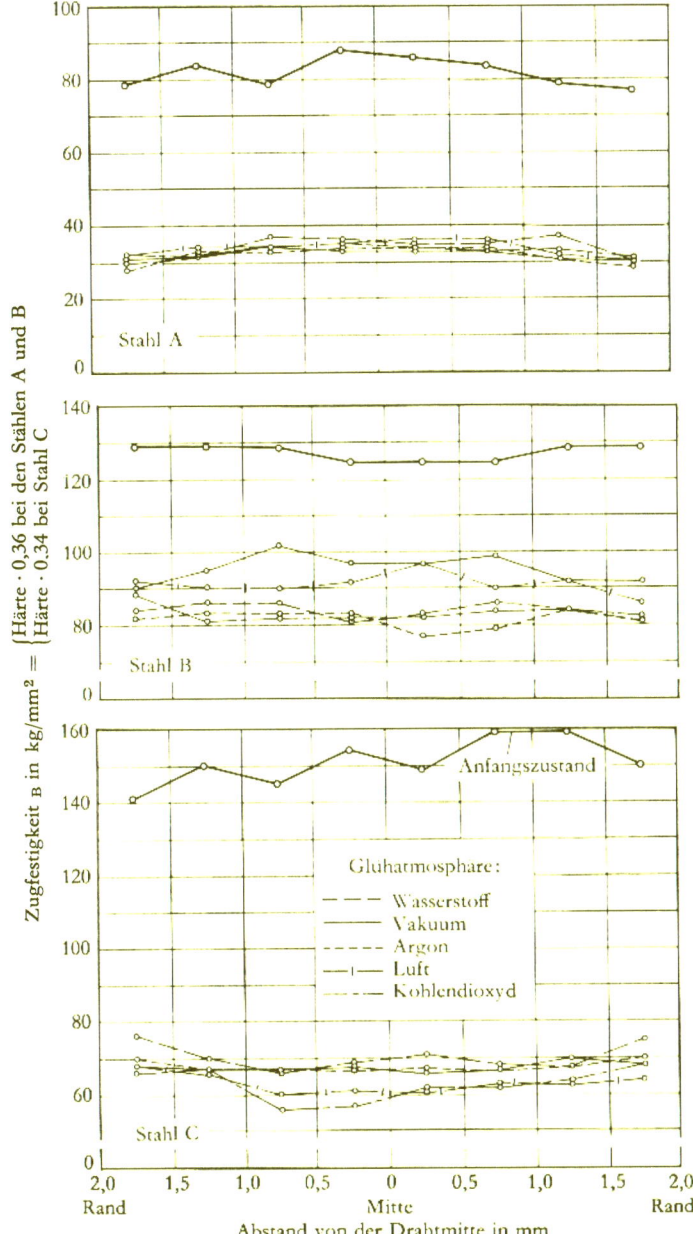

Abb. 6 Verteilung der aus der Härte berechneten Zugfestigkeit über dem Drahtquerschnitt im Anfangszustand und nach dem Glühen in verschiedenen Ofenatmosphären

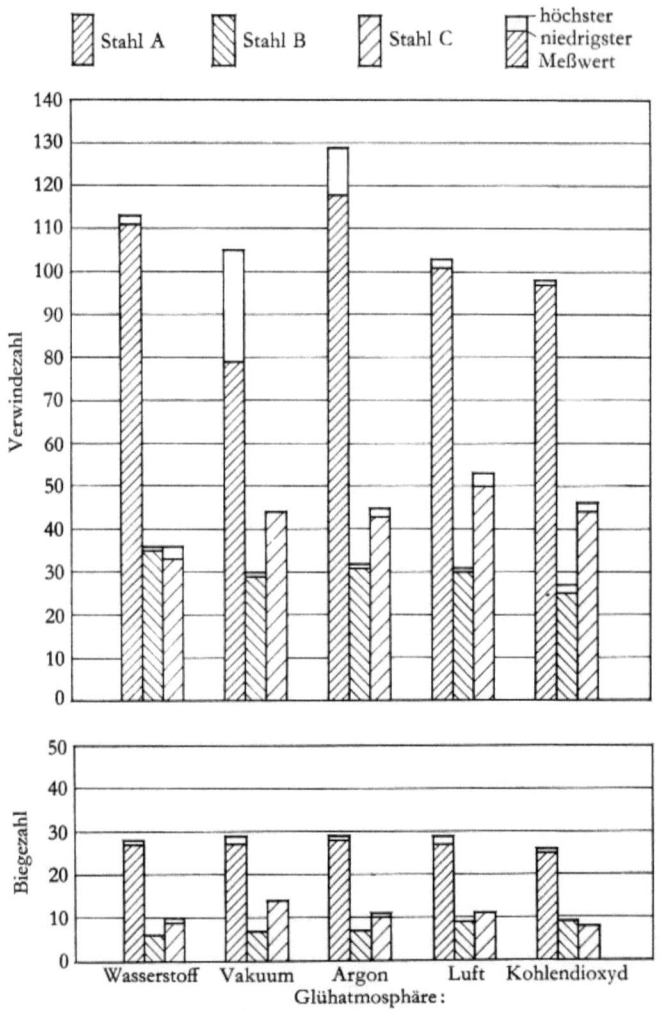

Abb. 7 Abhängigkeit der Biege- und Verwindezahlen von der Glühatmosphäre

5.4 Ziehbarkeit (Formänderungsvermögen durch Ziehen)

Um festzustellen, wie die Ziehbarkeit der Drähte von den unterschiedlich gewählten Glühatmosphären abhängt, wurden alle Drähte durch dieselbe Ziehsteinreihe gezogen.
Die bei den einzelnen Zügen erreichten Drahtquerschnitte und Querschnittsabnahmen sind in den Abb. 8 und 9 zusammengestellt.
Der Drahtquerschnitt ergibt sich aus den in Tab. 2 angegebenen Ziehsteindurchmessern. Die Querschnittsabnahme ist danach für die einzelnen Züge verschieden

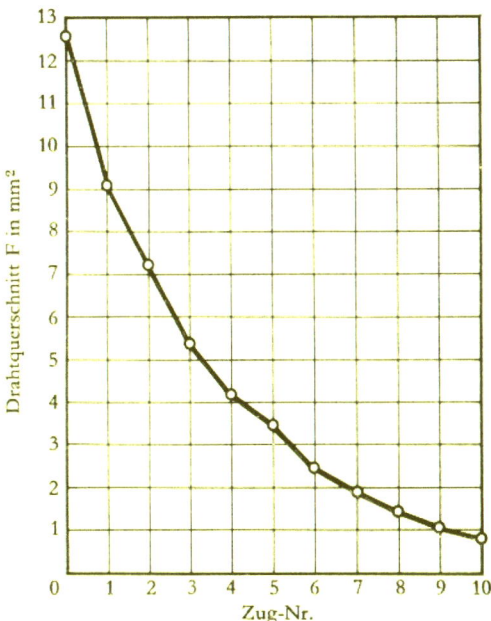

Abb. 8 Drahtquerschnitt nach den einzelnen Zügen

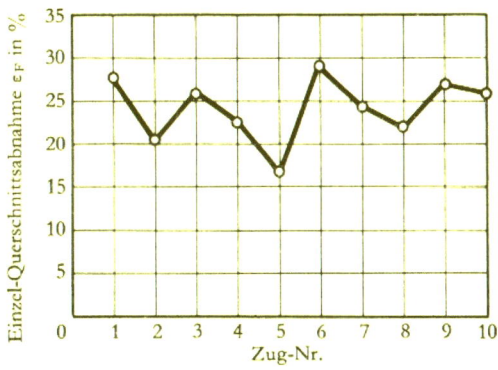

Abb. 9 Einzel-Querschnittsabnahme in den einzelnen Zügen

und schwankt zwischen etwa 17 und 29%. Die Ziehholöffnungswinkel liegen zwischen 10 und 14°. Nähere Angaben sind aus Tab. 2 zu entnehmen.

Tab. 2 Querschnittsabnahmen und Ziehholöffnungswinkel bei den einzelnen Zügen

Zug Nr.	Durch- messer d [mm]	Quer- schnitt- fläche F [mm²]	Einzel- querschnitts- abnahme		Gesamt- querschnitts- abnahme		Ziehhol- öffnungs- winkel
			ΔF [mm²]	ε_F [%]	ΔF_{ges} [mm²]	$\varepsilon_{F\,ges}$ [%]	2α [°]
0	4,00	12,56	–	–	–	–	–
1	3,40	9,07	3,49	27,8	3,49	27,8	12,2
2	3,03	7,21	1,86	20,5	5,35	42,6	10,1
3	2,61	5,35	1,86	25,8	7,21	57,4	12,0
4	2,30	4,15	1,20	22,4	8,41	67,0	12,0
5	2,10	3,46	0,69	16,6	9,10	72,5	13,6
6	1,77	2,46	1,00	28,9	10,10	80,4	11,0
7	1,54	1,86	0,60	24,4	10,70	85,2	12,0
8	1,36	1,45	0,41	22,0	11,11	88,5	14,0
9	1,16	1,06	0,39	26,9	11,50	91,6	14,0
10	1,00	0,79	0,27	25,9	11,77	93,8	13,0

Die gemessenen Ziehkräfte nehmen nach den Abb. 10 und 11 bei den Stählen A und B entsprechend dem kleiner werdenden Drahtquerschnitt im allgemeinen mit der Zugfolge ab. Dabei treten die versuchstechnisch bedingten Unterschiede in den Querschnittsabnahmen deutlich hervor.
Beim Stahl C steigt dagegen nach Abb. 12 die Ziehkraft wegen der besonders starken Verfestigung dieses Werkstoffes [4] im großen und ganzen mit der Zugnummer an.
Bis zum Reißen des Drahtes oder bis zum Festfressen im Ziehhol waren deshalb bei Stahl C nur fünf Züge möglich.
Ein geringfügiger Einfluß der Glühatmosphäre zeigt sich insofern, als die geringste Ziehkraft in den ersten beiden Zügen für alle drei Stähle bei den in Kohlendioxyd und in Argon geglühten Drähten auftritt.
Eine bessere Vergleichsmöglichkeit als die Ziehkräfte bieten die Ziehspannungen, wie sie in den Abb. 13 und 14 dargestellt sind.
Abgesehen von zwei Außreißern bei Stahl B, Glühung in Kohlendioxyd, ist der Verlauf der Spannungen bei allen Versuchen gleichartig und im wesentlichen nur von der Querschnittsabnahme in den einzelnen Zügen abhängig. Für den weichen Stahl A ist aus Abb. 13 zu ersehen, daß so gut wie keine Abhängigkeit der Ziehspannung von der verwendeten Glühatmosphäre besteht; erkennbar ist allenfalls, daß die zur Kohlendioxydglühung gehörende Linie die Kurvenschar nach unten begrenzt. Aus dem oberen Teil von Abb. 13 ist für Stahl B in den ersten beiden Zügen die Reihenfolge Kohlendioxyd, Argon, Wasserstoff, Vakuum, Luft abzu-

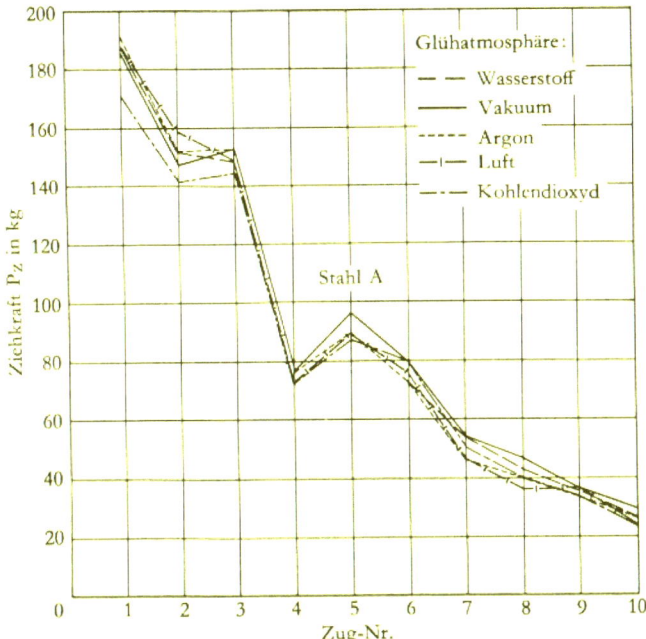

Abb. 10 Abhängigkeit der Ziehkraft von der Zug-Nummer und der Glühatmosphäre für Stahl A

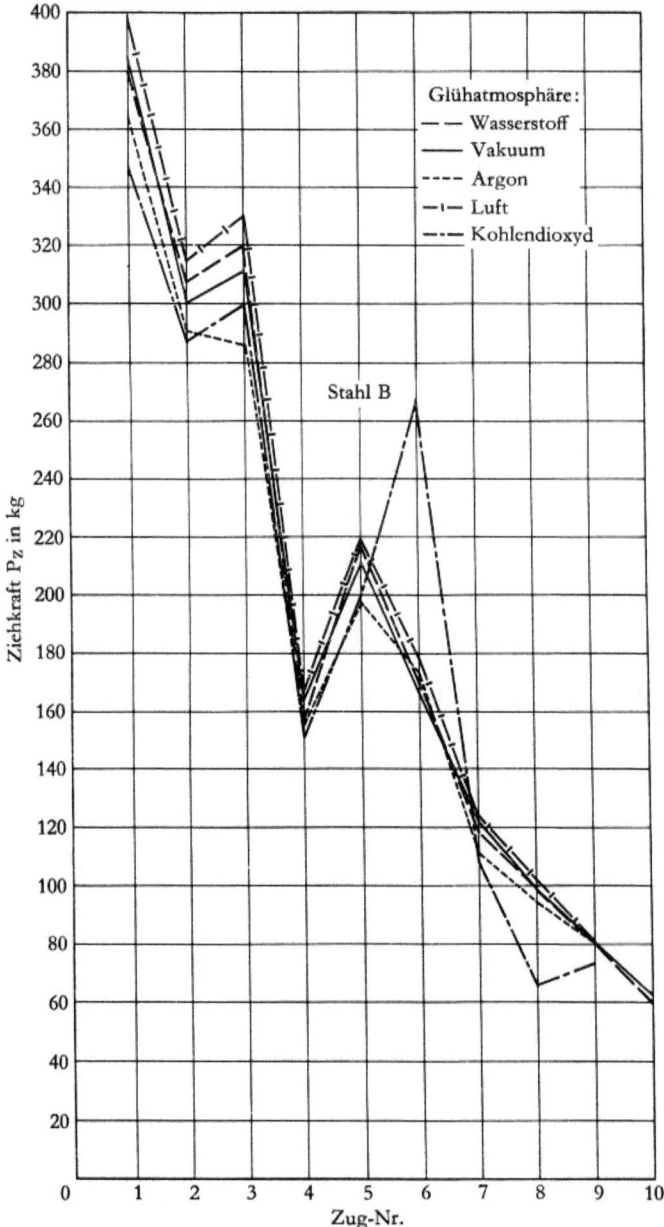

Abb. 11 Abhängigkeit der Ziehkraft von der Zug-Nummer und der Glühatmosphäre für Stahl B

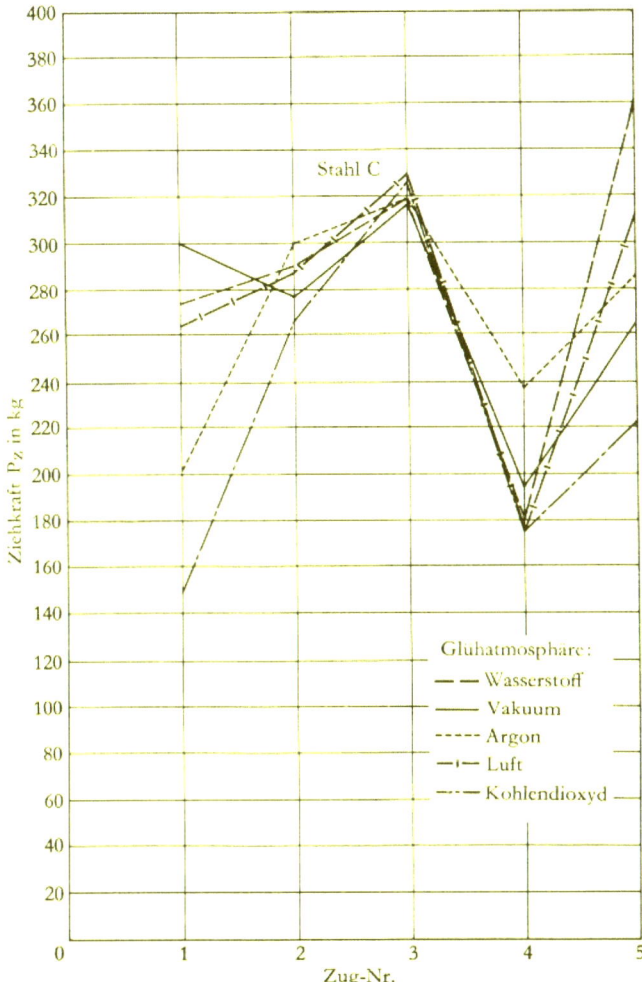

Abb. 12 Abhängigkeit der Ziehkraft von der Zug-Nummer und der Glühatmosphäre für Stahl C

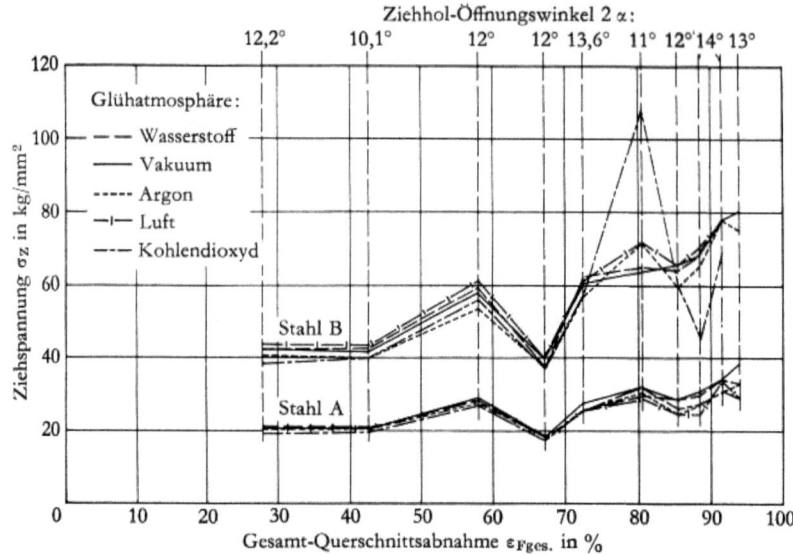

Abb. 13 Ziehspannung in Abhängigkeit von der Gesamt-Querschnittsabnahme und der Glühatmosphäre für die Stähle A und B

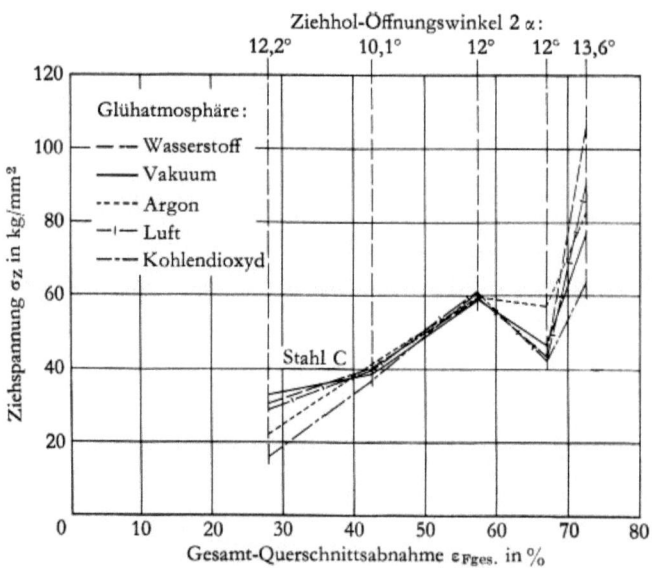

Abb. 14 Ziehspannung in Abhängigkeit von der Gesamt-Querschnittsabnahme und der Glühatmosphäre für Stahl C

lesen, wobei die größten Unterschiede etwa 10% betragen. Die Zuordnung der Spannungshöhe zur Glühatmosphäre ist aber nicht ganz eindeutig, wie Abb. 14 für Stahl C zeigt. Die in Kohlendioxyd und Argon geglühten Drähte benötigen zwar auch hier die kleinsten Ziehspannungen, die weitere Folge ist jedoch nicht klar abzugrenzen. Die absoluten Unterschiede sind bedeutend größer als bei den Stählen A und B.

In diesem Zusammenhang ist es aufschlußreich, die Drahtquerschnitte nach dem Glühen bzw. vor dem ersten Zug zu betrachten.

Bei den beiden unlegierten Stählen A und B sind nach Abb. 15 fast keine Dickenunterschiede festzustellen, wogegen bei Stahl C geringe, aber deutlich erkennbare

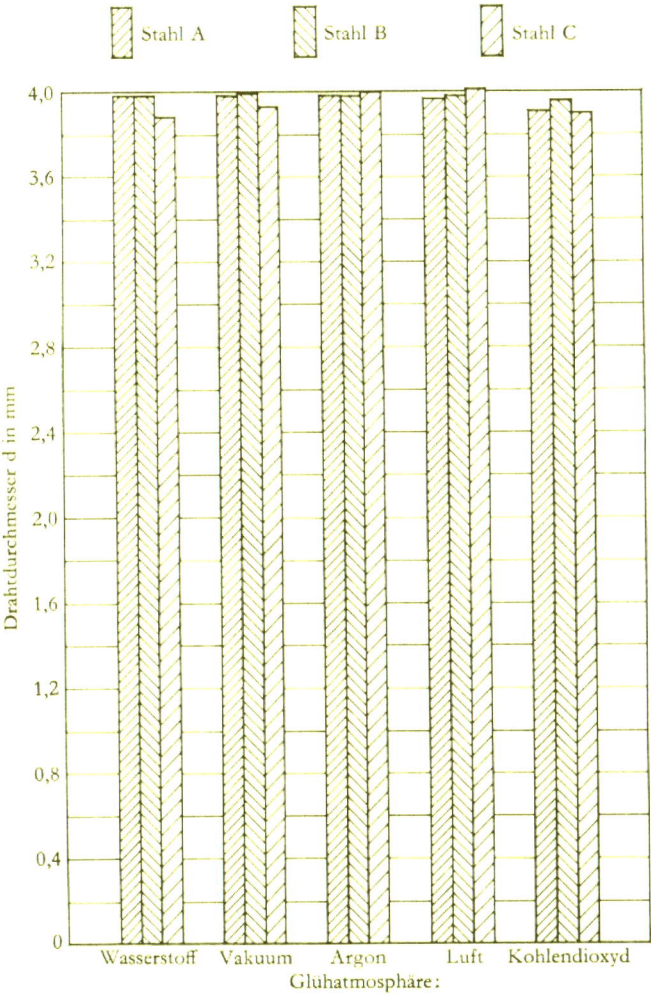

Abb. 15 Drahtdurchmesser nach dem Glühen in verschiedenen Ofenatmosphären

Durchmesserschwankungen, die auf unterschiedliche Verzunderung zurückzuführen sind, durchaus als mögliche Erklärung für die gefundenen Schwankungen der rechnungsmäßig auf den Solldurchmesser bezogenen Ziehspannung herangezogen werden könnten. Wahrscheinlicher ist jedoch die Annahme, daß durch die Veränderung der Drahtoberfläche beim Glühen die Ausbildung des Schmierzustandes und damit der Reibungsbeiwert beim Ziehen beeinflußt wird. So ist es beispielsweise denkbar, daß kleine Zundernarben als Schmiertaschen wirken und den beim Ziehen benutzten Schmierstoff besser festhalten als eine glatte Oberfläche [5].

Die Drähte aus Stahl A lassen sich unabhängig von der verwendeten Glühatmosphäre durch alle Ziehsteine der benutzten Reihe ziehen, ohne daß das oben beschriebene »Überziehen« eintritt. Die Oberfläche bleibt bei allen Drähten bis nach dem zehnten Zug einwandfrei.

Die Drähte aus Stahl B können alle durch mindestens sieben von zehn Ziehsteinen gezogen werden; zehn Züge waren hier nur bei den in Wasserstoff und im Vakuum geglühten Drähten möglich. Die übrigen Drähte, also die in Kohlendioxyd, in Luft und in Argon geglühten, rissen jeweils ein- oder zweimal bereits während des neunten Zuges, die in Argon und in Luft geglühten Drähte je einmal auch schon im achten Zug. Die Oberfläche wird im allgemeinen in den letzten Zügen riefig, zuweilen wird auch »Fressen« im Ziehhol beobachtet.

Eine einwandfreie Oberfläche nach neun oder zehn Zügen, entsprechend einer Gesamtformänderung von 91,6 oder 93,8% behalten nur die in Wasserstoff und die im Vakuum geglühten Drähte.

Die Drähte aus Stahl C lassen sich nur durch fünf Ziehsteine ziehen; ihr Formänderungsvermögen beim Ziehen ist also bereits bei einer Gesamtformänderung von 72,5% erschöpft. Das beste Ziehverhalten zeigt auch hier der im Wasserstoff geglühte Draht, der erst nach dem vierten Zug eine leicht riefige Oberfläche erhält, während die anderen bereits nach dem dritten Zug, der in Argon geglühte Draht sogar schon nach dem zweiten Zug die ersten Oberflächenbeschädigungen aufweisen.

5.5 Werkstoffgefüge

In den Abb. 16–18 ist für die Stähle A, B und C das Gefüge der Drähte im Ausgangszustand, also vor dem Normalglühen gezeigt. Die Aufnahmen zeigen keine Besonderheiten und entsprechen im wesentlichen dem nach der chemischen Zusammensetzung der Stähle erwarteten Bild.

Beim anschließenden Glühen tritt eine starke Kornvergrößerung auf, die nach den Abb. 19–23 besonders gut für Stahl A zu beobachten ist.

Die Abb. 19 zeigt den in Luft geglühten Draht, Abb. 20 den im Vakuum, Abb. 21 den in Argon, Abb. 22 den in Wasserstoff und Abb. 23 den in Kohlendioxyd geglühten Draht. Im großen und ganzen gleichen sich diese Bilder. Unterschiede sind jedoch in der Randschicht bzw. in der Zunderschicht zu sehen, worauf noch näher eingegangen werden soll. Bei dem Gefüge des im Argon geglühten Drahtes

Abb. 16 Gefüge von Stahl A (0,06% C) im Anfangszustand; 200:1

Abb. 17 Gefüge von Stahl B (0,74% C) im Anfangszustand; 200:1

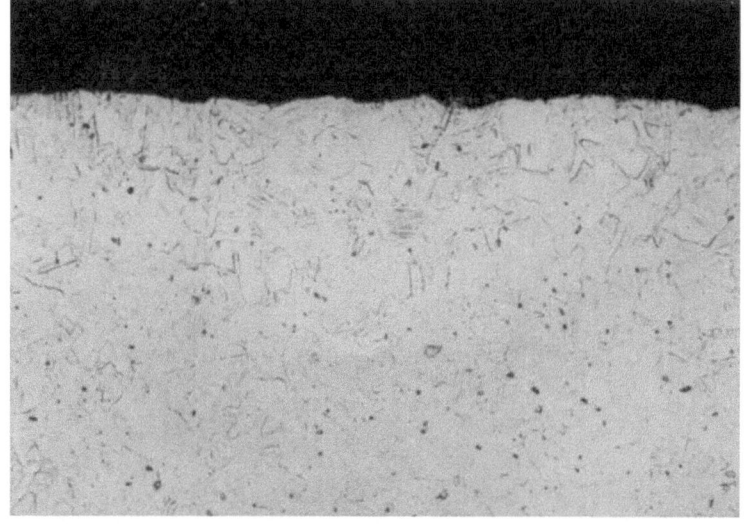

Abb. 18 Gefüge von Stahl C (0,13% C, 18% Cr, 8% Ni) im Anfangszustand; 500:1

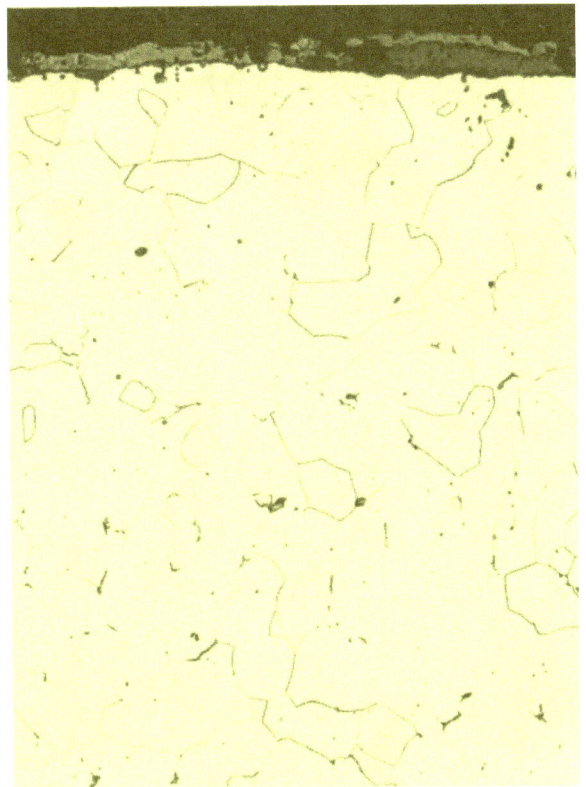

Abb. 19   Gefüge von Stahl A nach dem Glühen in Luft; 200:1

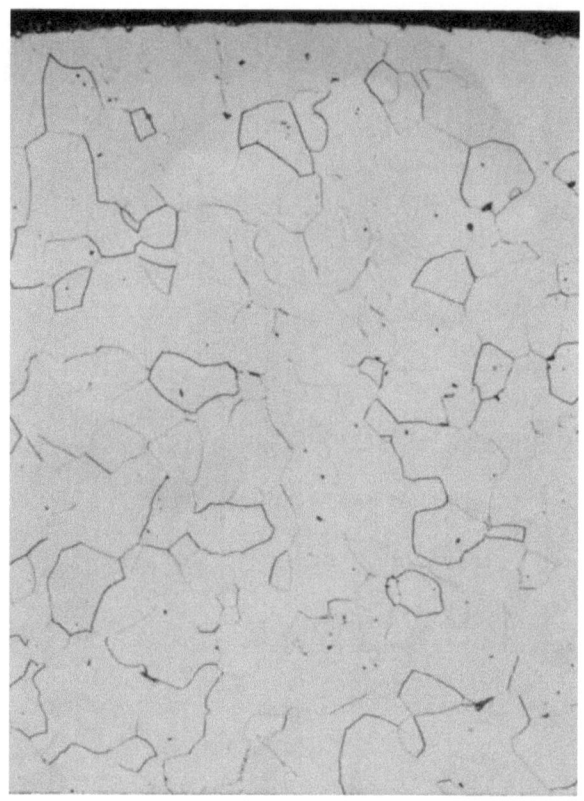

Abb. 20 Gefüge von Stahl A nach dem Glühen im Vakuum; 200:1

Abb. 21 Gefüge von Stahl A nach dem Glühen in Argon; 200:1

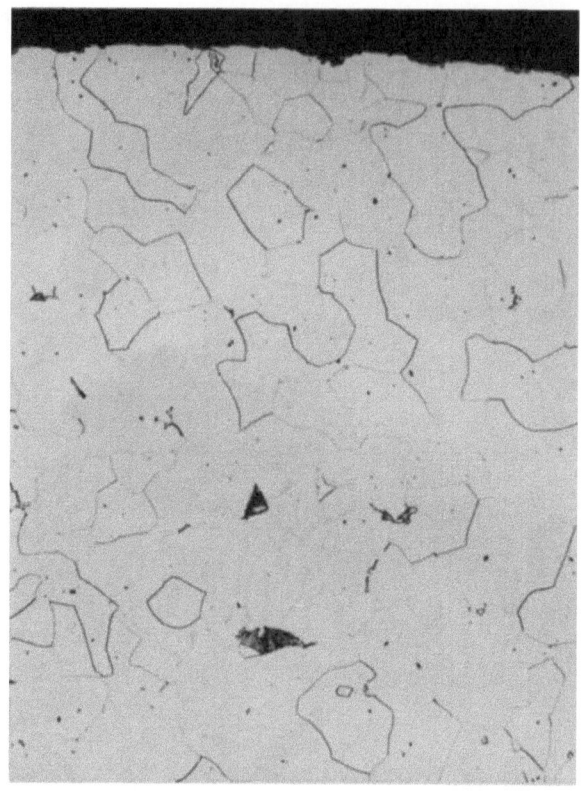

Abb. 22 Gefüge von Stahl A nach dem Glühen in Wasserstoff; 200:1

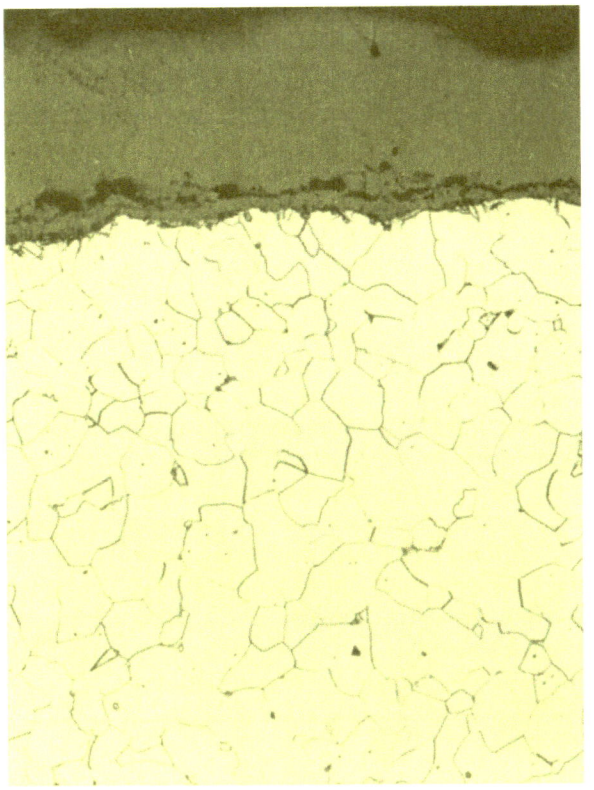

Abb. 23   Gefüge von Stahl A nach dem Glühen in Kohlendioxyd; 200:1

(Abb. 21) fallen einige sehr große Körner am Rande ins Auge. Auch nach einigen Wiederholungsversuchen wurde diese besonders starke Vergröberung des Kornes immer wieder gefunden. Diese Erscheinung trat aber nur beim Glühen in Argon, nicht dagegen beim Glühen in Wasserstoff auf, der erwartungsgemäß viel eher eine Randentkohlung, damit eine Verminderung der Keimzahl und damit schließlich eine Kornvergrößerung verursachen sollte. Nach den Versuchsergebnissen von F. K. NAUMANN [6] ist es bei den gegebenen Bedingungen, d.h. bei einem Druck von etwa 0,5 bis 1 at, jedoch nicht der Wasserstoff, der entkohlend wirkt, sondern entweder Wasserdampf, wenn der Wasserstoff feucht ist, oder Sauerstoff, der in den verwendeten technischen Schutzgasen fast immer als Verunreinigung enthalten ist. Aus den beobachteten Ergebnissen kann geschlossen werden, daß der verwendete Wasserstoff sehr rein und ziemlich trocken war, da zwar eine Randentkohlung deutlich sichtbar ist, diese aber nicht so weit geht, daß die Keimbildung beeinträchtigt wird. Das verwendete Argon muß demgegenüber soweit mit Sauerstoff verunreinigt gewesen sein, daß zwar eine Verzunderung der Drahtoberfläche sicher vermieden wurde, die Entkohlung aber weitgehend voranschreiten konnte. Das Herstellerwerk gibt für das verwendete technische Argon einen Reinheitsgrad von 99,95% an. Es ist anzunehmen, daß die gedachten Reaktionsgeschwindigkeitskurven für die Entkohlung und Verzunderung sich mit fallendem Sauerstoff-Partialdruck überschneiden, die Entkohlungsgeschwindigkeit jedoch nahezu konstant bleibt. Der schematisch gedachte Verlauf der Reaktionsgeschwindigkeiten ist in der Abb. 24 dargestellt.

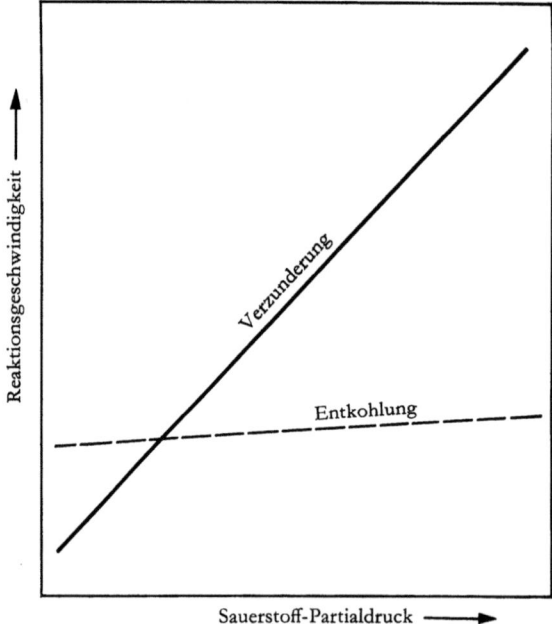

Abb. 24   Schematische Darstellung der Reaktionsgeschwindigkeiten von Verzunderung und Entkohlung in Abhängigkeit vom Sauerstoff-Partialdruck

Der Vorgang der gleichzeitigen Entkohlung und Verzunderung ist außer vom Sauerstoffdruck, der Reaktionszeit und -temperatur auch noch in sehr komplexer Weise von den Legierungselementen, besonders vom Silizium abhängig, wie von K. BOHNENKAMP und H. J. ENGELL [7] gefunden und beschrieben worden ist. Randentkohlung ist ebenfalls bei Stahl B für alle verwendeten Glühatmosphären zu beobachten, Abb. 25–29. Wegen des höheren Kohlenstoffangebotes dieses Stahles geht sie hier aber nicht so weit, daß eine so ausgeprägte Kornvergrößerung beobachtet werden kann wie bei Stahl A. Die Abb. 25 zeigt gleichzeitig Zunderbildung und Randentkohlung unter der Drahtoberfläche beim Glühen in Luft. Schwache Entkohlung ohne Verzunderung tritt nach den Abb. 26 und 27 beim Glühen im Vakuum und in Argon auf, wobei die größere Körnung des im Vakuum geglühten Stahles auf längere Abkühlzeiten zurückzuführen ist, da die Wärmeabfuhr über ein wärmeleitendes Gas fehlt. Wie Abb. 28 zeigt, tritt die Randentkohlung durch Wasserstoff bei Stahl B stärker hervor. Die Entkohlungstiefe beim Glühen in Wasserstoff ist größer als beim Glühen in Argon. Vergleicht man damit die entsprechenden Abb. 21 und 22 für Stahl A, dann erscheinen dort die Verhältnisse umgekehrt. Ob bei dem Entkohlungsvorgang die für die Stähle A und B unterschiedlich hohe Normalglühtemperatur die bestimmende Rolle spielt, oder der höhere Kohlenstoffgehalt selbst entscheidend ist, oder ob gegebenenfalls der Feuchtigkeitsgehalt des verwendeten Wasserstoffs verändert war, konnte auch durch Kontrollversuche nicht eindeutig geklärt werden. Festzuhalten ist, daß beim Glühen in technischem Argon mit einem angegebenen Reinheitsgrad von 99,95% der Restgehalt an Sauerstoff immer noch genügend groß sein kann, um bei hohen Temperaturen und geringen Kohlenstoffgehalten eine merkliche Randentkohlung zu verursachen. Wie der Feuchtigkeitsgehalt des Wasserstoffs zu bewerten ist, kann nach den durchgeführten Versuchen nicht beurteilt werden.

Die Gefügeaufnahme (Abb. 29) des in Kohlendioxyd geglühten Drahtes aus Stahl B verdient besondere Beachtung. Neben starker Verzunderung ist hier deutlich auch Randentkohlung zu sehen, was auf den verminderten Sauerstoff-Partialdruck zurückzuführen ist. Entsprechend der Reaktion

$$CO_2 \rightleftarrows CO + \tfrac{1}{2} O_2$$

wird dieser aber stets in einer Gleichgewichtslage gehalten, bei der, wie die Zunderschicht zeigt, die Verzunderung kaum behindert ist, der Zunderaufbau jedoch verändert wird, wie im letzten Abschnitt noch zu beschreiben sein wird.

Der Gefügeaufbau der Drähte aus Stahl C erfährt durch die unterschiedlichen Glühatmosphären keine wesentlichen Veränderungen, so daß auf eine eingehende Betrachtung verzichtet werden kann.

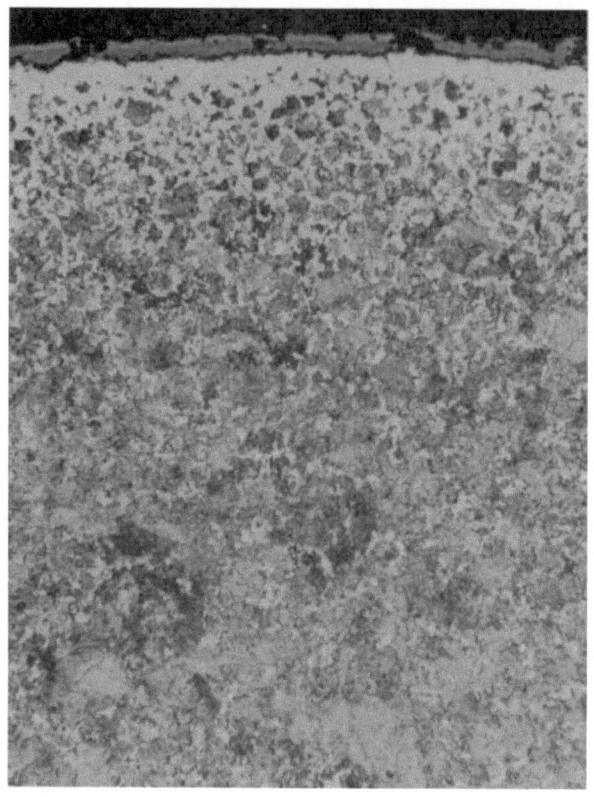

Abb. 25 Gefüge von Stahl B nach dem Glühen in Luft; 200:1

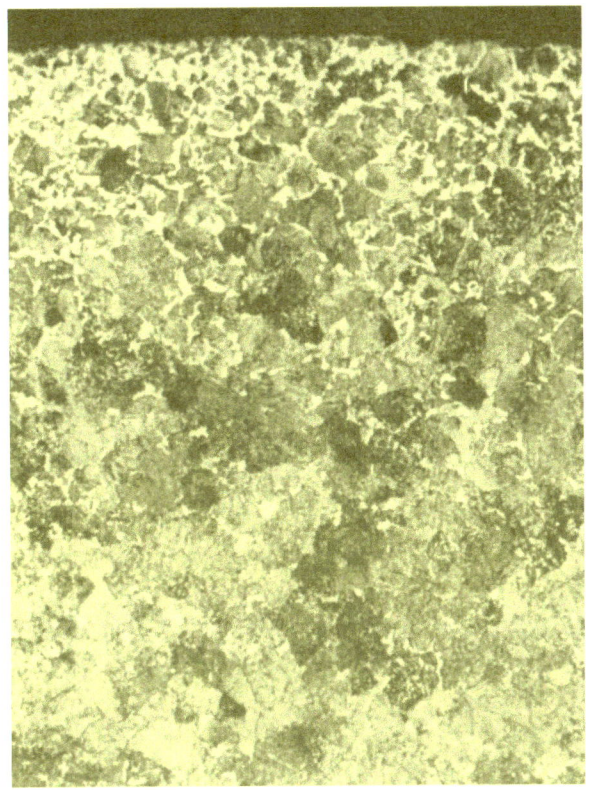

Abb. 26 Gefüge von Stahl B nach dem Glühen im Vakuum; 200:1

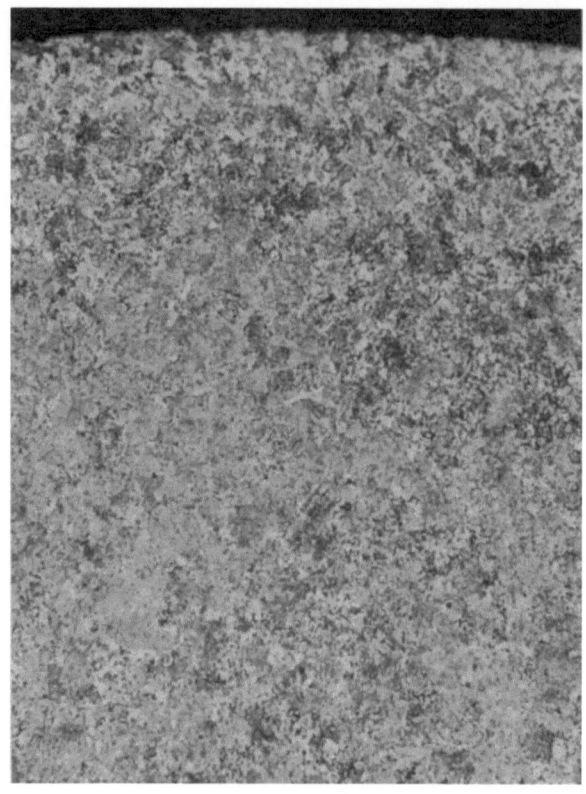

Abb. 27 Gefüge von Stahl B nach dem Glühen in Argon; 200:1

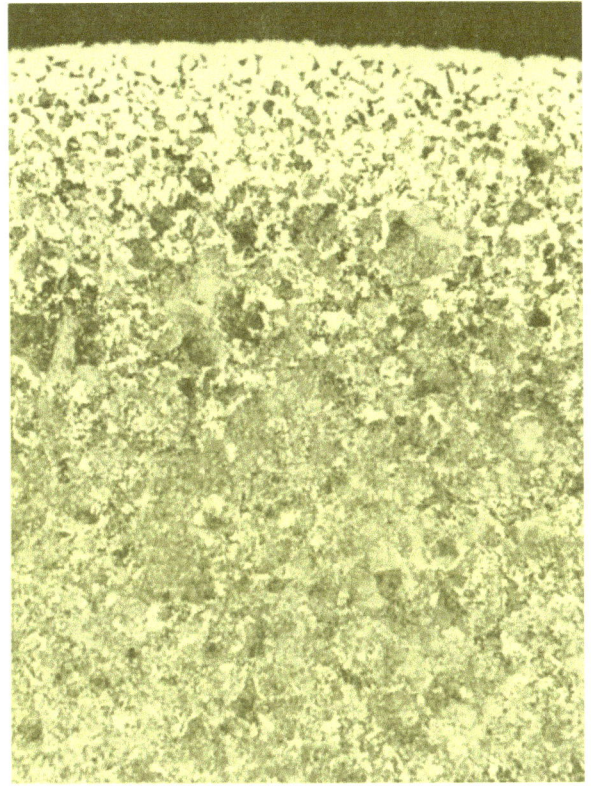

Abb. 28 Gefüge von Stahl B nach dem Glühen in Wasserstoff; 200:1

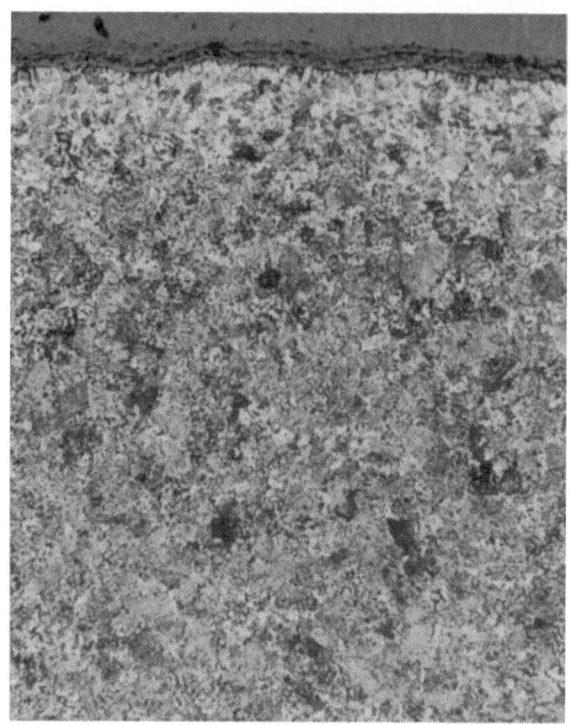

Abb. 29 Gefüge von Stahl B nach dem Glühen in Kohlendioxyd; 200:1

5.6 Zunderaufbau und Oberflächenaussehen

Während die in Wasserstoff, Argon und im Vakuum geglühten Drähte zunderfrei, oder doch nur unwesentlich verzundert sind, zeigt sich bei den in Luft und in Kohlendioxyd geglühten Drähten eine starke, in ihrer Dicke besonders von der Temperatur abhängige Zunderschicht, die bereits bei oberflächlicher Betrachtung der geglühten Drahtbunde in den Abb. 30–32 gut sichtbar ist.

Die Abb. 30 zeigt die spiegelblanke Oberfläche eines in Wasserstoff geglühten Drahtes, Abb. 31 einen mit dem bekannten, stumpf aussehenden, grauen Luftzunder behafteten Draht, und Abb. 32 läßt eine fettglänzende tiefschwarze Zunderschicht erkennen, die beim Glühen in Kohlendioxyd entstanden ist. Luftzunder und der in Kohlendioxyd entstandene Zunder unterscheiden sich außer in ihrem Aussehen auch im Aufbau.

Die Abb. 33 stellt den Querschliff des Luftzunders an Stahl B dar. Deutlich sind von innen nach außen entsprechend dem steigenden Sauerstoffgehalt die drei bekannten Eisenoxyde FeO (Wüstit oder Eisenoxydul), Fe_3O_4 (Magnetit oder Eisenoxyd), Fe_2O_3 (Hämatit oder Eisenoxyduloxyd) zu erkennen. Über die Dicke der Zunderschicht und ihre Abhängigkeit von Druck und Temperatur ist eingehend von F. K. PETERS [8] berichtet worden.

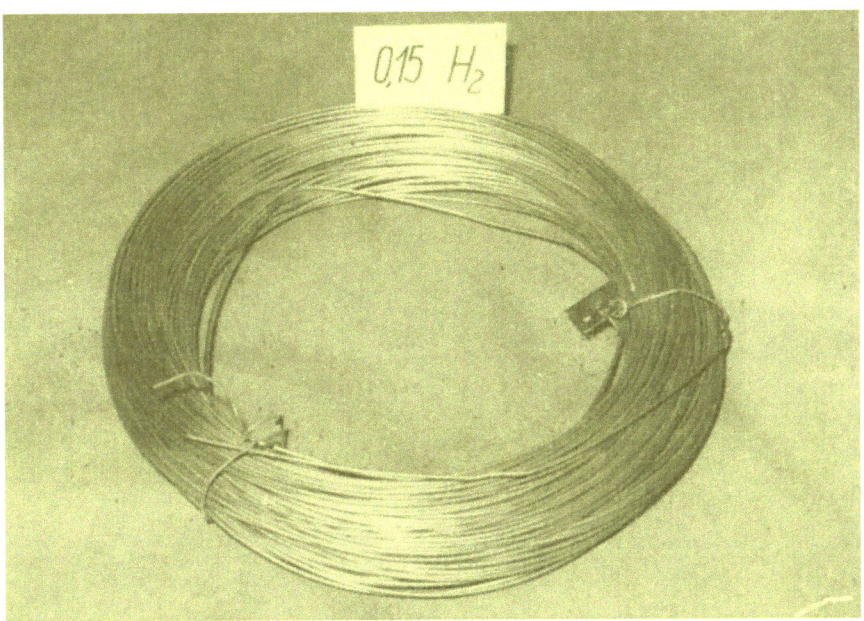

Abb. 30 Aussehen eines Drahtringes aus Stahl A nach dem Glühen in Wasserstoff

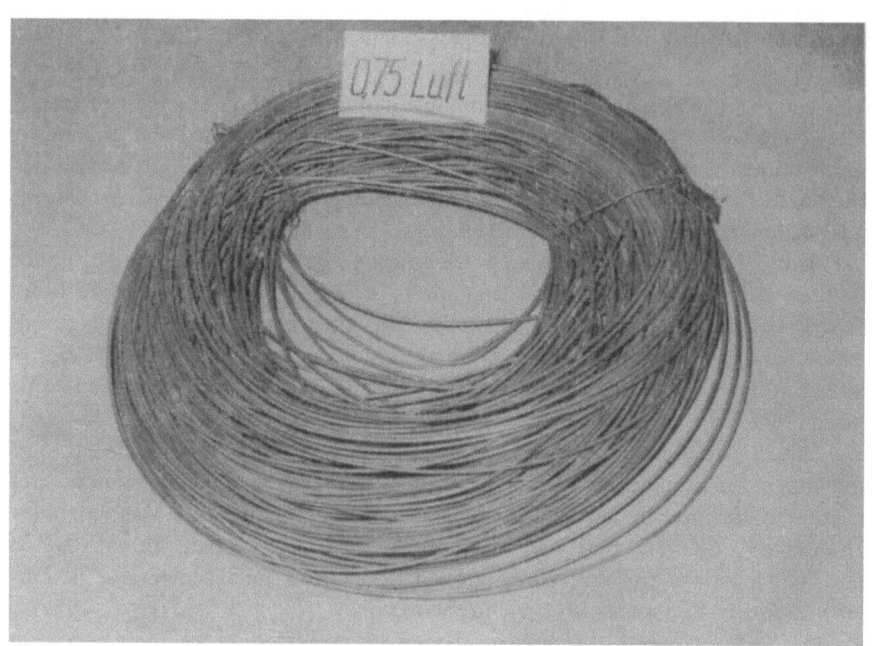

Abb. 31   Aussehen eines Drahtringes aus Stahl B nach dem Glühen in Luft

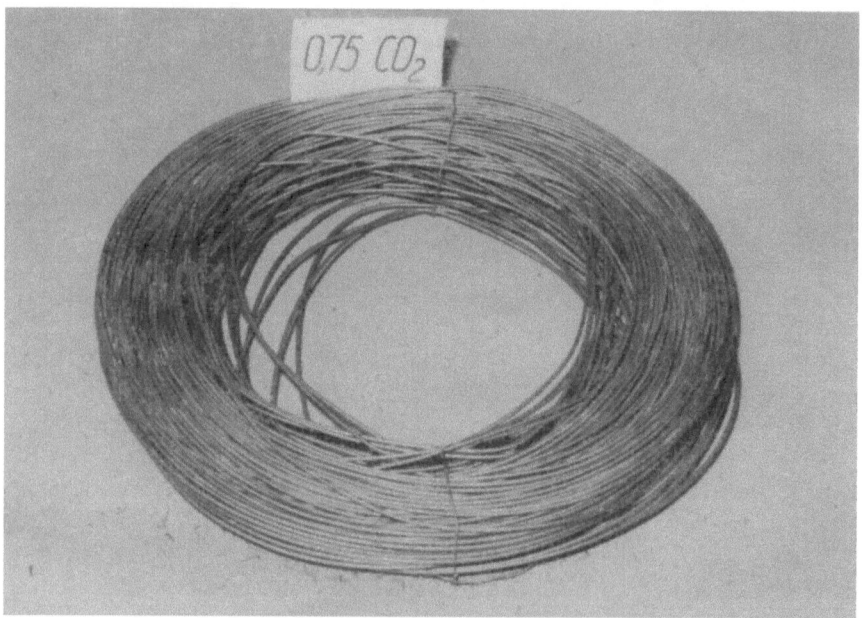

Abb. 32   Aussehen eines Drahtringes aus Stahl B nach dem Glühen in Kohlendioxyd

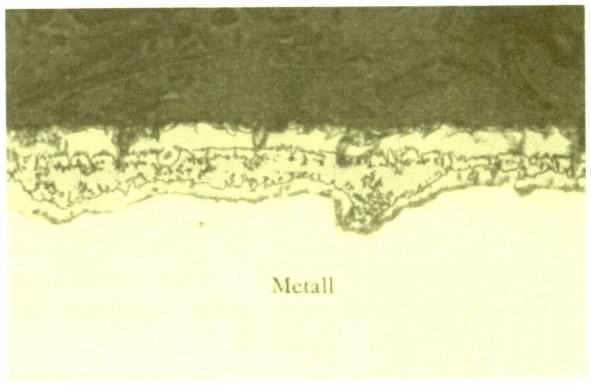

Abb. 33   Zunderaufbau nach dem Glühen in Luft, Stahl B

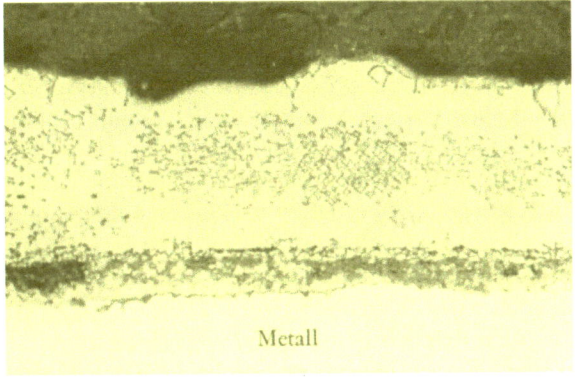

Abb. 34   Zunderaufbau nach dem Glühen in Kohlendioxyd, Stahl B

Ein Querschliff der in der CO_2-Atmosphäre aufgebauten Zunderschicht ist in Abb. 34 wiedergegeben. Wegen des begrenzten, aber stetigen Sauerstoffangebotes, wie es durch die Dissoziation des CO_2 gegeben ist, bildet sich außen nur eine dünne Schicht aus sauerstoffreichem Fe_2O_3 und eine verhältnismäßig dicke Schicht aus FeO am Metall. In der Zwischenschicht befinden sich, ihrem eckigen Aussehen nach zu urteilen, Wüstitkristalle, die wahrscheinlich aus dem Zerfall des Fe_3O_4 herrühren. Die so gebildete Zunderschicht ist sehr spröde und haftet kaum am Metall, läßt sich also sehr leicht mechanisch entfernen im Gegensatz zu dem zäheren und sehr fest haftenden Luftzunder.

Bei den zunderfrei geglühten Drähten sind im Oberflächenaussehen keine besonderen Unterschiede festzustellen.

6. Zusammenfassung

In einem Vakuumofen, dessen Glühtopf mit beliebigen Schutzgasen geflutet werden kann, wurden in unterschiedlichen Glühatmosphären Drahtbunde aus zwei unlegierten und einem legierten Stahl geglüht. Untersucht wurde der Einfluß des Glühens in Luft, im Vakuum, in Argon, in Wasserstoff und in Kohlendioxyd auf die Härte, Zugfestigkeit, Biegezahl, Verwindezahl, Ziehbarkeit, das Gefüge und die Oberflächenbeschaffenheit der geglühten Drähte. Für die Härte, Zugfestigkeit, Biege- und Verwindezahl ist keine eindeutig zuzuordnende Abhängigkeit nachzuweisen. Die Ziehbarkeit wird nur in geringem Maße von der Glühatmosphäre beeinflußt. Die Ziehspannung ist für die in Kohlendioxyd geglühten Drähte am kleinsten, was möglicherweise auf eine Wirkung der Zundernarben als Schmiertaschen beim Ziehen zurückgeführt werden kann. Das Gefügebild zeigt ebenfalls Einflüsse der Glühatmosphäre auf die beiden unlegierten Stähle, wobei besonders Randentkohlung beobachtet wurde, die vermutlich durch Verunreinigungen mit Sauerstoff im verwendeten Schutzgas verursacht wird. Die geringsten Veränderungen des Gefüges werden nach dem Glühen im Vakuum beobachtet. Die beste Drahtoberfläche wird bei der reduzierenden Glühung in Wasserstoff erreicht. Eine ähnlich gute, vollständig zunderfreie Oberfläche ist bei der Vakuumglühung nur zu erzielen, wenn durch Verbesserung des Vakuums der restliche Sauerstoffgehalt noch weiter herabgesetzt wird. Ebenso gewährleistet technisches Argon mit einem Nenn-Reinheitsgrad von 99,95% keinen absolut sicheren Schutz vor geringer Verzunderung. Die Glühversuche in Kohlendioxyd-Atmosphäre zeigen, daß ein Schutzgasgemisch, in dem durch chemische Umwandlungen CO_2 frei wird, nicht den gewünschten Erfolg sichert und daß bei Stählen mit höherem Kohlenstoffgehalt unter Umständen sogar Entkohlung eintritt.

Dr.-Ing. Werner Schwenzfeier
Dr.-Ing. Oskar Pawelski

Literaturverzeichnis

[1] Pomp, A., Stahldraht. Düsseldorf 1952.
[2] Herdieckerhoff, W., Draht 9 (1958), S. 141–143. Vgl. auch: Blankglühen und Glühen in geschlossenen Behältern mit gesteuerter Atmosphäre. Firmenschrift der Fa. Dr. Werner Herdieckerhoff, Unna (Westf.).
[3] Lueg, W., und K.-H. Treptow, Schmierstoffe und Schmierstoffträger beim Ziehen von Stahldraht. Stahl u. Eisen 76 (1956), S. 1107–1116 (Mitt. Max-Planck-Inst. Eisenforsch., Abh. 682).
[4] Krause, U., Vergleich verschiedener Verfahren zur Bestimmung der Formänderungsfestigkeit bei Raumtemperatur. Stahl u. Eisen 83 (1963), S. 1626–1640 (Mitt. Max-Planck-Inst. Eisenforsch., Abh. 957).
[5] Pawelski, O., und W. Lueg, Versuche und Berechnungen über das Ziehen und Einstoßen von Rundstäben. Stahl u. Eisen 81 (1961), S. 1729–1739 (Mitt. Max-Planck-Inst. Eisenforsch., Abh. 903).
[6] Naumann, F. K., Der Einfluß von Legierungszusätzen auf die Beständigkeit von Stahl gegen Wasserstoff unter hohem Druck. Stahl u. Eisen 58 (1938), S. 1239–1250.
[7] Bohnenkamp, K., und H. J. Engell, Ablauf der Oxydation von Eisen und Kohlenstoff bei der Verzunderung von Eisen-Kohlenstoff-Legierungen. Arch. Eisenhüttenwes. 33 (1962), S. 359–367 (Mitt. Max-Planck-Inst. Eisenforsch., Abh. 914).
[8] Peters, F. K., Bildung, Aufbau und mechanische Haftfestigkeit von Zunderschichten auf unlegierten Stählen. Dr.-Ing.-Diss., TH. Aachen 1958. Vgl. auch: Peters, F. K., und H. J. Engell, Die Haftfestigkeit von Zunderschichten auf Stahl. Arch. Eisenhüttenwes. 30 (1959), S. 275–282 (Mitt. Max-Planck-Inst. Eisenforsch., Abh. 812).

FORSCHUNGSBERICHTE
DES LANDES NORDRHEIN-WESTFALEN

Herausgegeben im Auftrage des Ministerpräsidenten Dr. Franz Meyers
von Staatssekretär Prof. Dr. h. c. Dr.-Ing. E. h. Leo Brandt

HÜTTENWESEN · WERKSTOFFKUNDE

HEFT 4
Prof. Dr. med. Erich A. Müller und
Dipl.-Ing. H. Spitzer, Max-Planck-Institut für Arbeitsphysiologie, Dortmund
Untersuchungen über die Hitzebelastung in Hüttenbetrieben
1952. 20 Seiten, 5 Abb., 1 Tabelle. DM 9,—

HEFT 48
Max-Planck-Institut für Eisenforschung, Düsseldorf
Spektrochemische Analyse der Gefügebestandteile in Stählen nach ihrer Isolierung
1953. 31 Seiten, 12 Abb., 5 Tabellen. DM 7,80

HEFT 49
Max-Planck-Institut für Eisenforschung, Düsseldorf
Untersuchungen über Ablauf der Desoxydation und die Bildung von Einschlüssen in Stählen
1953. 45 Seiten, 19 Abb., 3 Tabellen. Vergriffen

HEFT 50
Max-Planck-Institut für Eisenforschung, Düsseldorf
Flammenspektralanalytische Untersuchung der Ferritzusammensetzung in Stählen
1953. 34 Seiten, 15 Abb., 4 Tabellen. DM 8,60

HEFT 74
Max-Planck-Institut für Eisenforschung, Düsseldorf
Versuche zur Klärung des Umwandlungsverhaltens eines sonderkarbidbildenden Chromstahls
1954. 48 Seiten, 10 Abb. DM 14,—

HEFT 75
Max-Planck-Institut für Eisenforschung, Düsseldorf
Zeit-Temperatur-Umwandlungs-Schaubilder als Grundlage der Wärmebehandlung der Stähle
1954. 34 Seiten, 13 Abb. DM 8,70

HEFT 89
Verein Deutscher Ingenieure, Gleitlagerforschung, Düsseldorf, und Prof. Dr.-Ing. G. Vogelpohl, Göttingen
Versuche mit Preßstoff-Lagern für Walzwerke
1954. 57 Seiten, 34 Abb. Vergriffen

HEFT 96
Dr.-Ing. Paul Koch, Dortmund
Austritt von Exoelektronen aus Metalloberflächen unter Berücksichtigung der Verwendung des Effektes für die Materialprüfung
1954. 21 Seiten, 13 Abb. DM 7,—

HEFT 105
Dr.-Ing. Robert Meldau, Harsewinkel/Westf.
Auswertung von Gekörn – Analysen des Musterstaubes »Flugasche Fortuna I«
1955. 28 Seiten, 14 Abb. DM 8,50

HEFT 132
Prof. Dr. phil. nat. W. Seith, Münster
Über Diffusionserscheinungen in festen Metallen
1955. 27 Seiten, 19 Abb., 4 Tabellen. Vergriffen

HEFT 143
Prof. Dr. phil. Franz Wever, Dr. phil. Adolf Rose und Dipl.-Ing. W. Straßburg, Max-Planck-Institut für Eisenforschung, Düsseldorf
Härtbarkeit und Umwandlungsverhalten der Stähle
1955. 33 Seiten, 12 Abb., 3 Tabellen. Vergriffen

HEFT 153
Prof. Dr.phil. Franz Wever,
Dr.-Ing. Wilhelm Anton Fischer und
Dipl.-Ing. J. Engelbrecht, Düsseldorf
I. Die Reduktion sauerstoffhaltiger Eisenschmelzen im Hochvakuum mit Wasserstoff und Kohlenstoff
II. Einfluß geringer Sauerstoffgehalte auf das Gefüge und Alterungsverhalten von Reineisen
1955. 42 Seiten, 15 Abb., 2 Tabellen. DM 12,40

HEFT 154
Prof. Dr.-Ing. P. Bardenheuer und
Dr.-Ing. Wilhelm Anton Fischer, Düsseldorf
Die Verschlackung von Titan aus Stahlschmelzen im sauren und basischen Hochfrequenzofen unter verschiedenen Schlacken
1955. 23 Seiten, 10 Abb., 1 Tabelle. DM 7,95

HEFT 162
Prof. Dr. phil. Franz Wever,
Prof. Dr. rer. techn. Albert Kochendörfer und
Dr.-Ing. Chr. Rohrbach, Max-Planck-Institut für Eisenforschung, Düsseldorf
Kennzeichnung der Sprödbruchneigung von Stählen durch Messung der Fließspannung, Reißspannung und Brucheinschnürung an dreiachsig beanspruchten Proben
1955. 46 Seiten, 26 Abb. DM 13,—

HEFT 170
Prof. Dr. phil. Franz Wever, Dr. phil. Adolf Rose und Dipl.-Ing. L. Rademacher, Max-Planck-Institut für Eisenforschung, Düsseldorf
Anwendung der Umwandlungsschaubilder auf Fragen der Werkstoffauswahl beim Schweißen und Flammhärten
1955. 51 Seiten, 25 Abb. DM 13,70

HEFT 205
Dr. Carl Schaarwächter, Laboratorium für Rostschutz und Oberflächentechnik, Düsseldorf
Über plastische Kupfer-Eisen-Phosphor-Legierungen
1956. 25 Seiten, 10 Abb., 10 Tabellen. DM 8,30

HEFT 227
Prof. Dr. phil. Franz Wever und Dr. Wolfgang Wepner, Max-Planck-Institut für Eisenforschung, Düsseldorf
Untersuchung der Alterungsneigung von weichen unlegierten Stählen durch Härteprüfung bei Temperaturen bis 300° C
1956. 24 Seiten, 20 Abb., 3 Tabllen. DM 7,95

HEFT 228
Prof. Dr. phil Franz Wever, Dr. phil. Walter Koch und Dr. rer. nat. Bernd Alexander Steinkopf, Max-Planck-Institut für Eisenforschung, Düsseldorf
Spektrochemische Grundlagen der Analyse von Gemischen aus Kohlenmonoxyd, Wasserstoff und Stickstoff
1956. 31 Seiten, 18 Abb., 1 Tabelle. DM 9,90

HEFT 229
Prof. Dr. phil. Franz Wever, Dr. phil Walter Koch und Dr.-Ing. Hanns Malissa, Max-Planck-Institut für Eisenforschung, Düsseldorf
Über die Anwendung disubstituierter Dithiocarbamate der analytischen Chemie
1955. 30 Seiten, 30 Abb., 5 Tabellen. DM 10,50

HEFT 230
Prof. Dr. phil. Franz Wever und Dr. phil. Wolfgang Wepner, Max-Planck-Institut für Eisenforschung, Düsseldorf
Bestimmung kleiner Kohlenstoffgehalte im α-Eisen durch Dämpfungsmessung
1955. 19 Seiten, 5 Abb., 2 Tabellen. DM 7,70

HEFT 234
Dr.-Ing K. G. Speith und Dr.-Ing A. Bungeroth, Duisburg
Versuche zur Steigerung des Kokillen-Schluckvermögens beim Stranggießen von Stahl
1956. 15 Seiten, 5 Abb. DM 6,15

HEFT 244
Prof. Dr. phil. Franz Wever, Dr. phil. Walter Koch und Dr. Siegfried Eckhard, Max-Planck-Institut für Eisenforschung, Düsseldorf
Erfahrungen mit der spektrochemischen Analyse von Gefügebestandteilen des Stahles
1956. 22 Seiten, 8 Abb., 2 Tabellen. DM 7,80

HEFT 263
Prof. Dr. phil. Heinrich Lange und Dipl.-Phys. Rudolf Kohlhaas, Institut für theoretische Physik der Universität Köln
Über die Wärmeleitfähigkeit von Stählen bei hohen Temperaturen: Teil I: Literaturbericht
1956. 37 Seiten, 26 Abb., 8 Tabellen. DM 10,70

HEFT 268
Prof. Dr.-Ing. G. Vogelpohl, VDI, Max-Planck-Institut für Strömungsforschung, Göttingen
Über die Tragfähigkeit von Gleitlagern und ihre Berechnung
1956. 66 Seiten, 24 Abb., 7 Tabellen. Vergriffen

HEFT 283
Prof. Dr.-phil Franz Wever und Dr.-Ing. Werner Lueg, Max-Planck-Institut für Eisenforschung, Düsseldorf
Warmstauchversuche zur Ermittlung der Formänderungsfestigkeit von Gesenkschmiede-Stählen
1956. 31 Seiten, 19 Abb. DM 9,90

HEFT 288
Dr. phil Kurt Brücker-Steinkuhl, Düsseldorf
Anwendung mathematisch-statischer Verfahren in der Industrie
1956. 103 Seiten, 28 Abb., 14 Tabellen. Vergriffen

HEFT 290
Dr. rer. nat. Dietrich Horstmann, Max-Planck-Institut für Eisenforschung, Düsseldorf
I. Der verstärkte Angriff des Zinks auf Eisen im Temperaturgebiet um 500° C
II. Einfluß eines Antimongehaltes auf den Angriff von Zinkschmelzen auf Eisen
1956. 36 Seiten, 33 Abb., 3 Tabellen. DM 11,90

HEFT 291
Dr.-Ing. Hans-Joachim Wiester und Dr.rer.nat. Dietrich Horstmann, Max-Planck-Institut für Eisenforschung, Düsseldorf
Der Angriff eisengesättigter Zinkschmelzen auf silizium- und manganhaltiges Eisen
1956. 40 Seiten, 45 Abb., 8 Tabellen. DM 12,60

HEFT 311
*Prof. Dr. phil. Franz Wever und
Dr. phil. nat. Max Hempel, Düsseldorf*
Dauerschwingfestigkeit von Stählen bei erhöhten Temperaturen
Teil I: Erkenntnisse aus bisherigen Dauerschwingversuchen in der Wärme
1956. 36 Seiten, 19 Abb., 2 Tabellen. DM 10,90

HEFT 312
*Prof. Dr. phil. Franz Wever und
Dr. phil. nat. Max Hempel, Max-Planck-Institut für Eisenforschung, Düsseldorf*
Dauerschwingfestigkeit von Stählen bei erhöhten Temperaturen
Teil II: Zug-Druck-Dauerschwingversuche an zwei warmfesten Stählen bei Temperaturen von 500 bis 650°C
1956. 36 Seiten, 20 Abb., 3 Tabellen. DM 13,—

HEFT 313
Prof. Dr. phil. Franz Wever, Dr. phil. Walter Koch und Dipl.-Phys. Helga Rohde, Max-Planck-Institut für Eisenforschung, Düsseldorf
Änderungen des Habitus und der Gitterkonstanten des Zementits in Chromstählen bei verschiedenen Wärmebehandlungen
1956. 76 Seiten, 29 Abb., 8 Tabellen. DM 20,90

HEFT 314
*Prof. Dr. phil. Franz Wever,
Dr.-Ing. habil. Alfred Krisch und
Dr.-Ing. Hans-Joachim Wiester, Max-Planck-Institut für Eisenforschung, Düsseldorf*
Veränderungen im Gefügeaufbau von Chrom-Nickel-Molybdän-Stählen bei langzeitiger Beanspruchung im Zeitstandversuch bei 500°
1956. 35 Seiten, 26 Abb., 5 Tabellen. DM 11,70

HEFT 315
*Prof. Dr. phil. Franz Wever und
Dr.-Ing. habil. Alfred Krisch, Max-Planck-Institut für Eisenforschung, Düsseldorf*
Metallkundliche Untersuchungen an Zeitstandproben
1956. 25 Seiten, 12 Abb. DM 9,15

HEFT 336
Dr. phil. Tung-ping Yao, Gießerei-Institut der Rhein.-Westf. Technischen Hochschule Aachen
Die Viskosität metallischer Schmelzen
1956. 53 Seiten, 28 Abb., 2 Tabellen. DM 14,40

HEFT 342
*Prof. Dr.-Ing. Helmut Winterhager und
Dipl.-Ing. Wolfgang Barthel, Aachen*
Die Gewinnung von Titan-Schlacken-Konzentraten aus eisenreichen Ilmeniten
1956. 47 Seiten, 30 Abb., 6 Tabellen. DM 13,30

HEFT 348
*Prof. Dr.-Ing. Eugen Piwowarsky † und
Dr.-Ing. Ernst Günter Nickel, Gießerei-Institut der Rhein.-Westf. Technischen Hochschule Aachen*
Metallurgie eines hochwertigen Gußeisens mit kompakter bis kugelförmiger Graphitausbildung
1956. 46 Seiten, 27 Abb., 5 Tabellen. DM 13,30

HEFT 349
*Dr.-Ing. Wilhelm-Anton Fischer,
Dr.-Ing. Helmut Treppschuh und
Dr.-Ing. Karl Heinz Köthemann, Max-Planck-Institut für Eisenforschung, Düsseldorf*
Tiegel aus Schmelzmagnesia für Vakuuminduktionsöfen
1957. 23 Seiten, 14 Abb. DM 8,40

HEFT 367
Dr. rer. nat. Dietrich Horstmann, Max-Planck-Institut für Eisenforschung, Düsseldorf
Der Angriff eisengesättigter Zinkschmelzen auf kohlenstoff-, schwefel- und phosphorhaltiges Eisen
1957. 42 Seiten, 22 Abb., 6 Tabellen. DM 12,85

HEFT 392
*Prof. Dr. phil. Franz Wever,
Dr. phil. Walter Koch, Düsseldorf,
Dr.-Ing. Helmut Knüppel,
Dr. rer. nat. Bernd Alexander Steinkopf,
Dipl.-Ing. Karl Ernst Mayer und
Dipl.-Phys. Gert Wiethoff, Dortmund*
Untersuchungen über den Konverterrauch im Hinblick auf die spektrale Überwachung des Thomasprozesses
1957. 36 Seiten, 14 Abb., 4 Tabellen. DM 12,10

HEFT 407
Prof. Dr.-Ing. Dr.-Ing. E. h. Hermann Schenk, Aachen und Dr.-Ing. Werner Wenzel, Bad Godesberg
Entwicklungsarbeiten auf dem Gebiete der Verhüttung von Erzstaub in Schmelzkammern
1957. 71 Seiten, 9 Abb., 18 Tabellen. DM 17,10

HEFT 408
*Prof. Dr. phil. Franz Wever, Dr.-Ing. Werner Lueg und
Dr.-Ing. Hans Günter Müller, Max-Planck-Institut für Eisenforschung, Düsseldorf*
Kraft- und Arbeitsbedarf beim Warmscheren von Stahl in Abhängigkeit von Temperatur und Schnittgeschwindigkeit
1957. 33 Seiten, 15 Abb., 3 Tabellen. DM 11,35

HEFT 409
*Prof. Dr. phil. Franz Wever,
Dr. phil. Walter Koch,
Dr. rer. nat. Christa Ilschner-Gensch und
Dipl.-Phys. Helga Rohde, Max-Planck-Institut für Eisenforschung, Düsseldorf*
Das Auftreten eines kubischen Nitrids in aluminiumlegierten Stählen
1957. 26 Seiten, 12 Abb., 3 Tabellen. DM 10,10

HEFT 410
Prof. Dr. phil. Franz Wever,
Prof. Dr. rer. techn. Albert Kochendörfer,
Dr. phil. nat. Max Hempel und
Dipl.-Phys. Emil Hillenhagen, Max-Planck-Institut für Eisenforschung, Düsseldorf
Biegewechselversuche mit Flachproben aus Alpha-Eisen-Kristallen zur Bestimmung der Wechselfestigkeit und der Gleitspuren
1957. 100 Seiten, 58 Abb., 3 Tabellen. DM 30,—

HEFT 455
Dr.-Ing. Wilhelm Anton Fischer,
Dr.-Ing. Helmut Treppschuh und
Dipl.-Phys. Karl Heinz Köthemann, Max-Planck-Institut für Eisenforschung, Düsseldorf
Erschmelzung von Reinsteisen nach dem Kohlenstoffproduktionsverfahren und Kerbschlagzähigkeit-Temperatur-Kurven dieses Eisens
1957. 25 Seiten, 7 Abb., 6 Tabellen. DM 9,35

HEFT 456
Privatdozent Dr.-Ing. Karl Bungardt, Krefeld
Zeitstandversuche an austenitischen Stählen und Legierungen
1958. 23 Seiten und Anhang mit Abbildungen und Tafeln z. T. auf Falttafeln. DM 19,85

HEFT 457
Prof. Dr. phil. Franz Wever und
Dr. phil. Wolfgang Wepner, Max-Planck-Institut für Eisenforschung, Düsseldorf
Dämpfungsmessungen an schwach gereckten Eisen-Kohlenstoff-Legierungen
1957. 22 Seiten, 7 Abb., 3 Tabellen. DM 8,40

HEFT 458
Prof.-Ing. Dr.-Ing. E. h. Hermann Schenk und
Dr.-Ing. Eugen Schmidtmann, Aachen,
Dr.-Ing. Hans Kosmider, Dr.-Ing. Herbert Neuhaus und Dr.-Ing. Alfred Krüger, Haspe
Das Frischen von Thomas-Roheisen mit Sauerstoff-Wasserdampf-Gemischen und die Eigenschaften der damit erblasenen Stähle
1957. 50 Seiten, 56 Abb. DM 16,35

HEFT 459
Prof. Dr. phil. Franz Wever,
Dr. phil. Otto Krisement und Hanna Schädler, Max-Planck-Institut für Eisenforschung, Düsseldorf
Ein isothermes Mikrokalorimeter zur kinetischen Messung von Umwandlungs- und Ausscheidungsvorgängen in Legierungen
1957. 31 Seiten, 14 Abb. DM 10,75

HEFT 460
Prof. Dr. phil. Franz Wever und
Dr. rer. nat. Bernhard Ilschner, Max-Planck-Institut für Eisenforschung, Düsseldorf
Ein isothermes Lösungskalorimeter zur Bestimmung thermo-dynamischer Zustandsgrößen von Legierungen
1957. 31 Seiten, 7 Abb., 4 Tabellen. DM 10,40

HEFT 461
Prof. Dr.-Ing. habil. Eugen Piwowarsky †,
Prof. Dr.-Ing. Wilhelm Patterson und
Dipl.-Ing. Friedrich Wilhelm Iske, Gießerei-Institut der Rhein.-Westf. Technischen Hochschule Aachen
Verbesserung der Zähigkeitseigenschaften von Bessemer-Stahlguß
1957. 41 Seiten, 15 Abb., 16 Tabellen. DM 12,75

HEFT 492
Prof. Dr. phil. Josef Meixner und
Dr. rer. nat. Bruno Manz, Institut für theoretische Physik der Rhein.-Westf. Technischen Hochschule Aachen
Zur Theorie der irreversiblen Prozesse in α-Eisen
1958. 10 Seiten, 1 Abb. DM 5,70

HEFT 519
Prof. Dr. phil. Franz Wever,
Dr. phil. Walter Koch und
Dr. phil. Siegfried Eckhard, Max-Planck-Institut für Eisenforschung, Düsseldorf
Die spektrographische Bestimmung der Spurenelemente in Stahl ohne vorherige Abbrennung
1958. 36 Seiten, 22 Abb. DM 12,60

HEFT 542
Dr. phil. nat. Gerhard Zapf, Schwelm
Entwicklung eines Verfahrens zur Herstellung von Formteilen aus Sintermessing
1958. 43 Seiten, 23 Abb., 7 Tabellen. DM 15,15

HEFT 552
Dr.-Ing. Gerhard Leiber und
Dipl.-Ing. Dieter Schauwinhold, Duisburg-Hamborn
Versuche zur Erzeugung halbberuhigten Stahles
1958. 28 Seiten, 23 Abb., 6 Tabellen. DM 11,30

HEFT 562
Prof. Dr.-Ing. Dr.-Ing. E. h. Hermann Schenck,
Prof. Dr. phil. habil. Norbert G. Schmahl und
Dr.-Ing. Götz Funke, Institut für Eisenhüttenwesen der Rhein.-Westf. Technischen Hochschule Aachen
Die Reduzierbarkeit von Eisenerzen
1958. 101 Seiten, 89 Abb., 10 Tabellen. DM 29,25

HEFT 573
Prof. Dr. phil. Franz Wever,
Dr. rer. nat. Werner Jellinghaus und
Dr.-Ing. Toshimori Shuin, Max-Planck-Institut für Eisenforschung, Düsseldorf
Gemischt-keramische Sinterwerkstoffe aus Aluminiumoxyd und Eisen oder Eisenlegierungen
1958. 76 Seiten, 39 Abb., 17 Tabellen. DM 22,65

HEFT 586
Dr.-Ing. Wilhelm Anton Fischer und
Dr. rer. nat. Alfred Hoffmann, Max-Planck-Institut für Eisenforschung, Düsseldorf
Verhalten von Eisen- und Stahlschmelzen im Hochvakuum
1958. 41 Seiten, 10 Abb., 13 Tabellen. DM 14,50

HEFT 597
Prof. Dr. phil. Franz Wever,
Dr. phil. Wilhelm Wink und
Dr. rer. nat. Werner Jellinghaus, Max-Planck-Institut für Eisenforschung, Düsseldorf
Suszeptibilitätsmessungen an hochwarmfesten Legierungen auf Nickel-Chrom- und Kobalt-Nickel-Chrom-Grundlage
1958. 34 Seiten, 10 Abb., 5 Tabellen. DM 12,—

HEFT 599
Prof. Dr. phil. Walter Koch und
Dipl.-Phys. Dr. phil. Heinz Sundermann, Max-Planck-Institut für Eisenforschung, Düsseldorf
Elektrochemische Grundlagen der Isolierung von Gefügebestandteilen in metallischen Werkstoffen
1958. 50 Seiten, 26 Abb., 2 Tabellen. DM 17,60

HEFT 600
Prof. Dr. phil. Walter Koch, Dr. phil. Siegfried Eckhard und Dr. rer. nat. Friedrich Stricker, Max-Planck-Institut für Eisenforschung, Düsseldorf
Die lichtelektrische Spektralanalyse der Gase im Stahl
1958. 53 Seiten, 27 Abb., 9 Tabellen. DM 15,10

HEFT 620
Dr. rer. nat. Dietrich Horstmann, Max-Planck-Institut für Eisenforschung und Gemeinschaftsausschuß Verzinken, Düsseldorf
Der Einfluß von Aluminium im Eisen- und im Zinkbad auf den Zinkangriff
1958. 29 Seiten, 17 Abb., 3 Tabellen. DM 9,40

HEFT 628
Dipl.-Ing. Walter Panknin und
Dipl.-Ing. Wolfgang Möhrlin, Verein Deutscher Ingenieure ADB, Düsseldorf
Die Ermittlung der Fließkurven von Schraubenwerkstoffen *1958. 20 Seiten, 8 Abb. DM 6,40*

HEFT 630
Prof. Dr. phil. Walter Koch und
Dr. techn. Dipl.-Ing. Hanns Malissa, Max-Planck-Institut für Eisenforschung, Düsseldorf
Beiträge zur Spurenanalyse im Reinsteisen
1958. 25 Seiten, 8 Tabellen. DM 7,60

HEFT 644
Prof. Dr.-Ing. Franz Bollenrath, Institut für Werkstoffkunde an der Rhein.-Westf. Technischen Hochschule Aachen
Untersuchung einiger mechanischer Eigenschaften von Sinteraluminium S. A. P. und S. A. P.-Avional
1958. 24 Seiten, 26 Abb. DM 8,10

HEFT 697
Prof. Dr.-Ing. Theodor Gast,
Dr.-Ing. Karl-Max Frhr. v. Meysenburg und
Prof. Dr.-Ing. Otto Krischer, Technische Hochschule Darmstadt
Untersuchung über die Erwärmungsvorgänge bei der Verarbeitung härtbarer und thermoplastischer Kunststoffe
1959. 91 Seiten, 34 Abb., 4 Tabellen. DM 16,90

HEFT 706
Prof. Dr.-Ing. Dr.-Ing. E. h. Hermann Schenck und Dr.-Ing. Hans Esch, Institut für Eisenhüttenwesen der Rhein.-Westf. Technischen Hochschule Aachen
Zur Untersuchung der Hochofenvorgänge
1959. 32 Seiten, 23 Abb. DM 9,90

HEFT 737
Prof. Dr.-Ing. habil. Karl Krekeler,
Dr.-Ing. Heinz Peukert und Dipl.-Ing. Josef Eilers, Institut für Kunststoffverarbeitung an der Rhein.-Westf. Technischen Hochschule Aachen
Festigkeitsuntersuchungen an Rohren aus Thermoplasten
1959. 66 Seiten, 84 Abb. DM 19,40

HEFT 748
Prof. Dr. phil. nat. habil. Hans-Ernst Schwiete,
Dr.-Ing. Harald Knoblauch und
Dr. rer. nat. Günther Ziegler, Institut für Gesteinshüttenkunde der Rhein.-Westf. Technischen Hochschule Aachen
Die Hydratation der Verbindungen $3\, CaO \cdot SiO_2$ und $\beta\text{-}2\, CaO \cdot SiO_2$
1959. 56 Seiten, 22 Abb., 14 Tabellen. DM 15,70

HEFT 780
Prof. Dr. phil. Franz Wever,
Dr.-Ing. Werner Lueg und Dr.-Ing. Paul Funke, Max-Planck-Institut für Eisenforschung, Düsseldorf
Untersuchung von Walzöl und Walzölemulsionen im Kaltwalzversuch
1959. 68 Seiten, 28 Abb., mehr. Tabellen. DM 18,50

HEFT 788
Prof. Dr.-Ing. Herwart Opitz, Laboratorium für Werkzeugmaschinen und Betriebslehre an der Rhein.-Westf. Technischen Hochschule Aachen
Der Einsatz radioaktiver Isotope bei Zerspanungsuntersuchungen
1959. 35 Seiten, 23 Abb. DM 11,30

HEFT 797
Prof. Dr. phil. Heinrich Lange und
Dr. rer. nat. Rudolf Koblhaas, Institut für theoretische Physik der Universität Köln
Über die wahre spezifische Wärme von Eisen, Nickel und Chrom bei hohen Temperaturen
Neue Verfahren zur Messung der wahren spezifischen Wärme von Metallen bei hohen Temperaturen
1960. 115 Seiten, 38 Abb., 24 Tabellen. DM 31,20

HEFT 798
Dr. rer. nat. Karl Wassmann, Mönchengladbach
Einfluß der Schutzgasatmosphäre auf die Eigenschaften von Sinterstahl
1959. 94 Seiten, 65 Abb., 19 Tabellen. DM 27,—

HEFT 799
Dipl.-Ing. Helmut Weiss, Frankfurt a. M.
Aufkohlung und Härtung von Sintereisen-Werkstoffen
1960. 61 Seiten, 56 Abb., 2 Tabellen. DM 18,80

HEFT 800
Dipl.-Ing. Otto Schindler, Lehrstuhl für Stahlbau, Technische Hochschule Hannover
Untersuchungen an geschweißten Hüttenkranen
Ein Beitrag zur Berechnung dünnwandiger Hohlkästen
  1959. 46 Seiten, 14 Abb., 2 Tabellen. DM 13,20

HEFT 801
Baurat Dipl.-Ing. Waldemar Gesell, Staatliche Ingenieurschule für Maschinenwesen, Duisburg
Ersatz von Quarzsand als Strahlmittel
  1960. 66 Seiten, 12 Abb., 4 Tabellen. 17 Diagramme. DM 18,90

HEFT 833
Prof. Dr.-Ing. Helmut Winterhager und
Dr.-Ing. Dan Hubert Hermes, Institut für Metallhüttenwesen und Elektrometallurgie der Rhein.-Westf. Technischen Hochschule Aachen
Anodennebenreaktionen bei der Silberraffinationselektrolyse
  1960. 55 Seiten, 21 Abb., 10 Tabellen. DM 15,60

HEFT 834
Prof. Dr.-Ing. Helmut Winterhager und
Dr.-Ing. Klaus Reiprich, Institut für Metallhüttenwesen und Elektrometallurgie der Rhein.-Westf. Technischen Hochschule Aachen
Studie über den Glänzabbau des Reinstaluminiums in Flußsäure enthaltenden chemischen Glänzbädern
  1960. 92 Seiten, 88 Abb., 7 Tabellen. DM 27,30

HEFT 840
Prof. Dr. phil. Franz Wever,
Dr.-Ing. Hans-Günter Müller und
Dr.-Ing. Paul Funke, Max-Planck-Institut für Eisenforschung, Düsseldorf
Versuchsmäßige und rechnerische Bestimmung von Walzkraft und Drehmoment unter Einwirkung von Bandzugspannungen beim Kaltwalzen von Bandstahl
  1960. 36 Seiten, 12 Abb., 3 Tafeln. DM 10,90

HEFT 841
Dr. rer. nat. Hubert Blanck, Max-Planck-Institut für Eisenforschung, Düsseldorf
Untersuchungen zur Kinetik des Martensitzerfalls
  1960. 33 Seiten, 11 Abb., 2 Tabellen. DM 10,30

HEFT 849
Direktor Ludwig Martin, Wuppertal-Elberfeld und Friedrich Steiner, Ratingen
Weiterentwicklung von Friktionswerkstoffen
  1960. 66 Seiten, 70 Abb., 3 Tabellen. DM 20,50

HEFT 939
Prof. Dr.-Ing. habil. Wilhelm Petersen und
Dipl.-Ing. Hans Mingenbach, Dozentur für Brikettierung der Rhein.-Westf. Technischen Hochschule Aachen
Untersuchungen über die Herstellung von Erzbriketts
  1961. 83 Seiten, 67 Abb., 2 Tabellen. DM 25,60

HEFT 957
Prof. Dr.-Ing. Dr.-Ing. E. h. Hermann Schenck,
Prof. Dr.-Ing. Eugen Schmidtmann und
Dr.-Ing. Helmut Brandis, Institut für Eisenhüttenwesen der Rhein.-Westf. Technischen Hochschule Aachen
Mechanische und physikalische Prüfverfahren zur Ermittlung der Vorgänge bei der Abschreck- und Verformungsalterung
  1961. 47 Seiten, 34 Abb. DM 14,90

HEFT 958
Prof. Dr.-Ing. Dr.-Ing. E. h. Hermann Schenck,
Prof. Dr.-Ing. Eugen Schmidtmann und
Dr.-Ing. Heinz Müller, Institut für Eisenhüttenwesen der Rhein.-Westf. Technischen Hochschule Aachen
Untersuchungen zur Isolierung von Einschlüssen und Korngrenzensubstanzen in Eisenwerkstoffen nach dem Dünnschliffverfahren. Innere Oxydation von Eisenlegierungen
  1961. 50 Seiten, 33 Abb., 2 Tabellen. DM 15,90

HEFT 961
Prof. Dr.-Ing. Wilhelm Patterson und
Dr.-Ing. Dietmar Boenisch, Gießerei-Institut der Rhein.-Westf. Technischen Hochschule Aachen
Eigenschaften und Eigenschaftsänderungen der Tonmineralien in Formsanden
  1961. 33 Seiten, 16 Abb. DM 10,90

HEFT 962
Prof. Dr.-Ing. Wilhelm Patterson und
Dr.-Ing. Philipp Schneider, Gießerei-Institut der Rhein.-Westf. Technischen Hochschule Aachen
Untersuchungen über die Oberflächenfeingestalt von Gußstücken
  1961. 69 Seiten, 52 Abb., 1 Bildtafel. DM 20,80

HEFT 963
Prof. Dr.-Ing. Wilhelm Patterson und
Dr.-Ing. Wilhelm Weskamp, Gießerei-Institut der Rhein.-Westf. Technischen Hochschule Aachen
Versuche zur Steigerung der Temperatur in der Schmelzzone des Kupolofens und zur Erzielung eines optimalen thermischen Wirkungsgrades durch Verwendung von HC-Koks in unterschiedlicher Stückgröße
  1961. 87 Seiten, 29 Abb., 30 Tabellen. DM 28,30

HEFT 964
Prof. Dr.-Ing. Wilhelm Patterson und
Dr.-Ing. Friedrich Iske, Gießerei-Institut der Rhein.-Westf. Technischen Hochschule Aachen
Zusammenhang zwischen den mechanischen Eigenschaften im Gußstück und im getrennt gegossenen Probestab
  1961. 82 Seiten, 53 Abb., 13 Tabellen. DM 23,80

HEFT 968
Prof. Dr.-Ing. habil. Anton Königer †, Institut für Gießereikunde der Technischen Universität Berlin
Zur Kenntnis der Passivierbarkeit und Korrosionsbeständigkeit technischer Eisensorten
  1961. 25 Seiten, 7 Abb., 8 Tabellen. DM 8,90

HEFT 969
Prof. Dr. phil. Erich Scheil, Düsseldorf
Über den Zustand von Metallschmelzen
1961. 37 Seiten, 23 Abb., 2 Tabellen. DM 11,90

HEFT 970
*Prof. Dr.-Ing. Anton Königer † und
Dipl.-Ing. Günther Kuhl, Institut für Gießereikunde der Technischen Universität Berlin*
Der Einfluß verschiedener Begleit- und Legierungselemente auf das Viskositätsverhalten von Gußeisenschmelzen
1961. 26 Seiten, 14 Abb., 6 Tabellen. DM 8,60

HEFT 1016
Dr. rer. nat. W. Jellinghaus, Max-Planck-Institut für Eisenforschung, Düsseldorf
Sinterwerkstoffe aus Nickel oder Nickelaluminid mit Aluminiumoxyd
1961. 33 Seiten, 22 Abb., 6 Tabellen. DM 13,50

HEFT 1057
*Prof. Dr.-Ing. Dr.-Ing. E. h. Hermann Schenck, Dr.-Ing. Werner Wenzel und
Dr.-Ing. Hanns-Dieter Butzmann, Institut für Eisenhüttenwesen der Rhein.-Westf. Technischen Hochschule Aachen*
Die Reduktion von Eisenerzen im heterogenen Wirbelbett
1961. 87 Seiten, 32 Abb., 5 Tabellen. DM 28,20

HEFT 1067
*Prof. Dr.-Ing. Dr.-Ing. E. h. Hermann Schenck und
Dr.-Ing. Klaus-Dieter Unger, Institut für Eisenhüttenwesen der Rhein.-Westf. Technischen Hochschule Aachen*
Versuche zur Bestimmung von Verunreinigungen in Metallen; insbesondere von Oxyden und Oxydverbindungen in technischen Stählen
1962. 34 Seiten, 10 Abb., 3 Tabellen. DM 13,40

HEFT 1068
*Prof. Dr.-Ing. Dr.-Ing. E. h. Hermann Schenck, Dr.-Ing. Werner Wenzel, Dr.-Ing. Günter Lindelar, Prof. Dr.-Ing. Rudolf Spolders und
Dr.-Ing. Hilmar Weidenmüller, Institut für Eisenhüttenwesen der Rhein.-Westf. Technischen Hochschule Aachen*
Der Einfluß des Schwefels und der Kohlenoxydspaltung auf den Hochofenprozeß
1962. 222 Seiten, 99 Abb., 51 Tabellen. DM 49,50

HEFT 1083
*Prof. Dr.-Ing. Franz Bollenrath und
Ahmed Ali Salem El-Sabbagh, Institut für Werkstoffkunde der Rhein.-Westf. Technischen Hochschule Aachen*
Untersuchungen über die Warmfestigkeit von Hartlötverbindungen
1963. 80 Seiten, 88 Abb., 7 Tabellen. DM 59,40

HEFT 1092
*Prof. Dr.-Ing. habil. Anton Königer † und
Dr.-Ing. Manfred Odendahl, Institut für Gießereikunde der Technischen Universität Berlin*
Der Einfluß von Oxyden auf die Viskosität von reinen Eisen-Kohlenstoff-Silizium-Legierungen
1962. 23 Seiten, 9 Abb. DM 10,40

HEFT 1093
*Dr.-Ing. Wolf Dieter Röpke und
Dr.-Ing. Abbas Sabé, Institut für Gießereikunde der Technischen Universität Berlin*
Das Fließvermögen und die Warmrißneigung von Stahl mit besonderer Berücksichtigung des Einflusses von hohen Molybdängehalten
1962. 37 Seiten, 21 Abb., 4 Tabellen. DM 17,—

HEFT 1094
*Prof. Dr.-Ing. habil. Anton Königer † und
Prof. Dr. phil. Emanuel Pfeil, Institut für Gießereikunde der Technischen Universität Berlin*
Versuche zur Entwicklung von Korrosions-Prüfmethoden
1962. 23 Seiten, 7 Abb., 3 Tabellen. DM 10,80

HEFT 1113
Dr. rer. nat. Wolfgang Pitsch, Max-Planck-Institut für Eisenforschung, Düsseldorf
Die kristallographischen Eigenschaften der Nitridausscheidungen im α-Eisen
1962. 21 Seiten, 8 Abb., 3 Tabellen. DM 11,—

HEFT 1114
*Dipl.-Chem. Dr. phil. Siegfried Eckhard und
Dipl.-Phys. Walter Baum, Max-Planck-Institut für Eisenforschung, Düsseldorf*
Über ein physikalisches Verfahren zur Bestimmung des Wasserstoffs im ternären Gemisch mit Stickstoff und Kohlenmonoxyd
1962. 63 Seiten, 31 Abb. DM 39,80

HEFT 1122
*Prof. Dr.-Ing. Dr.-Ing. E. h. Hermann Schenck, Dozent Dr.-Ing. Werner Wenzel und
Dr.-Ing. Günther Dietrich, Institut für Eisenhüttenwesen der Rhein.-Westf. Technischen Hochschule Aachen*
Reaktionskinetische Betrachtung des Sintervorganges und Möglichkeiten zur Leistungssteigerung. Entwicklung eines Schachtsinterverfahrens
1962. 93 Seiten, 24 Abb., 5 Tabellen. DM 44,50

HEFT 1158
Dr.-Ing. habil. Alfred Krisch, Max-Planck-Institut für Eisenforschung, Düsseldorf
Über die Extrapolation von Zeitstandversuchen
1963. 31 Seiten, 13 Abb., 2 Tabellen. DM 17,50

HEFT 1190
Prof. Dr.-Ing. Max Vater und Dipl.-Ing. Otto Schulte, Institut für Bildsame Formgebung der Rhein.-Westf. Technischen Hochschule Aachen
Die Formänderungsfestigkeit von Metallen
In Vorbereitung

HEFT 1191
*Prof. Dr.-Ing. habil. Anton Königer †,
Dr.-Ing. Manfred Odendahl und Eberhard Pahl, Institut für Gießereikunde der Technischen Universität Berlin*
Über die Bildsamkeit von tongebundenen Formsanden
1963. 33 Seiten, 21 Abb., 4 Tabellen. DM 18,—

HEFT 1192
Prof. Dr.-Ing. habil. Anton Königer † und
Dr.-Ing. Peter R. Sahm, Institut für Gießereikunde der
Technischen Universität Berlin
Das Fließvermögen reiner und sauerstoffhaltiger
Kupferschmelzen
    1963. 47 Seiten, 38 Abb. 3 Tabellen. DM 31,80

HEFT 1193
Prof. Dr.-Ing. Helmut Winterhager und
Dr.-Ing. Reinhard K. Buchner, Institut für Metall-
hüttenwesen und Elektrometallurgie der Rhein.-Westf.
Technischen Hochschule Aachen
Beitrag zum experimentellen Problem der Messung
schneller Elektrodenvorgänge
    1963. 40 Seiten, 14 Abb. DM 17,—

HEFT 1194
Dr. rer. nat. Werner Jellinghaus, Max-Planck-Institut
für Eisenforschung, Düsseldorf
Beiträge zur Konstitution metallischer Stoffe durch
Suszeptibilitätsmessungen
    1963. 25 Seiten, 8 Abb., 3 Tabellen. DM 14,—

HEFT 1253
Dipl.-Ing. Alfred Puck, Dipl.-Ing. Horst Wurtinger,
Deutsches Kunststoffinstitut, Darmstadt
Werkstoffgemäße Dimensionierungs-Größen für
den Entwurf von Bauteilen aus kunstharzgebun-
denen Glasfasern
Teil I und II
    1963. 149 Seiten, 73 Abb., 8 Tabellen. DM 76,—

HEFT 1305
Dr. phil. Hermann Möller und
Dipl.-Phys. Helmut Weeber, Max-Planck-Institut für
Eisenforschung, Düsseldorf
Die Bildgüte bei der Durchstrahlung von Werk-
stoffen mit Röntgen- oder Gammastrahlen von
0,1 bis 31 MeV
    1963. 69 Seiten, 40 Abb., 2 Tabellen. DM 32,90

HEFT 1344
Prof. Dr.-Ing. Dr.-Ing. E. h. Hermann Schenck,
Dozent Dr.-Ing. Werner Wenzel,
Dr.-Ing. Hans D. Kluger, Institut für Eisenhütten-
wesen der Rhein.-Westf. Technischen Hochschule Aachen
Über das Reduktionsverhalten eisenoxydhaltiger
Schlacken
    1964. 91 Seiten, 60 Abb., 6 Tabellen im Anhang.
    DM 44,—

HEFT 1355
Dr.-Ing. habil. Alfred Krisch, Max-Planck-Institut für
Eisenforschung, Düsseldorf
Kriechverhalten, Gefügeänderung und Risse bei
mehrjährigen Zeitstandversuchen
    1964. 27 Seiten, 17 Abb., 6 Tabellen. DM 14,80

HEFT 1379
Dr. phil. nat. Max Hempel, Max-Planck-Institut für
Eisenforschung, Düsseldorf
Dauerschwingfestigkeit bei 20 und 500°C von
Stählen mit niedrigem Kohlenstoffgehalt und ver-
schiedenen Titan-Zusätzen
    1964. 58 Seiten, 27 Abb., 12 Tabellen. DM 34,—

HEFT 1384
Dr. rer. nat. Hans-Jürgen Engell, Dr. rer. nat. Anton
Bäumel und Dr. rer. nat. Konrad Bohnenkamp, Max-
Planck-Institut für Eisenforschung, Düsseldorf
Die Spannungsrißkorrosion von Weicheisen in
Kalzium-Nitratlösungen
    1964. 46 Seiten, 27 Abb., 2 Tabellen. DM 25,50

HEFT 1385
Prof. Dr.-Ing. Helmut Winterhager und Dr.-Ing. Roland
Kammel, Institut für Metallhüttenwesen und Elektro-
metallurgie der Rhein.-Westf. Technischen Hochschule
Aachen
Über die elektrochemischen Grundlagen der Zink-
chlorid-Schmelzflußelektrolyse
    1964. 52 Seiten, 22 Abb., 24 Tabellen. DM 25,50

HEFT 1387
Dipl.-Chem. Wolfgang Werner, im Auftrage der Deut-
schen Industrie-Werke Aktiengesellschaft, Berlin-Spandau
Verbesserung der Eigenschaften von Sinterteilen
durch Nachbehandlung (Oberflächenveredelung,
Korrosionsschutz)
    1964. 44 Seiten, 21 Abb., 16 Tabellen. DM 23,80

HEFT 1391
Dipl.-Phys. Dr.rer.nat. Ernst Wachtel und Dipl.-Phys.
Erich Übelacker, Max-Planck-Institut für Metallfor-
schung, Stuttgart, im Auftrage des Vereins Deutscher
Gießereifachleute, Düsseldorf
Messung der Dichte und der magnetischen Sus-
zeptibilität von Zinn-Zink-Legierungen
    1964. 42 Seiten, 23 Abb., 4 Tabellen. DM 23,50

HEFT 1398
Prof. Dr.-Ing. Eberhard Schürmann und Dr.-Ing. Horst-
Carsten Groth, Institut für Gießereiwesen der Berg-
akademie Clausthal, im Auftrage des Vereins Deutscher
Gießereifachleute, Düsseldorf
Schmelzgleichgewichte im System Eisen–Schwefel–
Kohlenstoff–Phosphor und Silizium bei 1400°C
    1964. 31 Seiten, 6 Abb., 6 Tabellen. DM 15,50

HEFT 1403
Dr. phil. nat. Gerhard Zapf, Dipl.-Ing. Ulrich Völker
und Ing. Rudolf Reinstadtler, im Auftrage der Forschungs-
gemeinschaft Pulvermetallurgie, Schwelm
Entwicklung von Fertigungsmethoden zur Erzeugung hochfester Sinterteile, Teil I und II
    In Vorbereitung

HEFT 1414
Prof. Dr. phil. Walter Koch, Dipl.-Phys. Helga Kolbe-Rohde und Dr. rer. nat. Jürgen Dittmann, Max-Planck-Institut für Eisenhüttenwesen der Rhein.-Westf. Technischen Hochschule Aachen
Untersuchungen zur Kinetik der Karbidbildung in Chromstählen
1964. 21 Seiten, 6 Abb., 4 Tabellen. DM 12,—

HEFT 1415
Prof. Dr.-Ing. Dr.-Ing. E. h. Hermann Schenck, Dozent Dr.-Ing. Werner Wenzel und Dr.-Ing. Trimbak Herwadkar, Institut für Eisenhüttenwesen der Rhein.-Westf. Technischen Hochschule Aachen
Stückigmachung von Feinerz auf dem Wanderrost in Gemischen mit Feinkohle
1964. 100 Seiten, 34 Abb., 21 Tabellen. DM 43,80

HEFT 1416
Prof. Dr.-Ing. Dr. h. c. Herwart Opitz und Dipl.-Ing. H. H. Bech, Laboratorium für Werkzeugmaschinen und Betriebslehre der Rhein.-Westf. Technischen Hochschule Aachen, im Auftrage des Vereins Deutscher Gießereifachleute, Düsseldorf
Bearbeitung von Leichtmetallen
1964. 39 Seiten, 22 Abb., 5 Tabellen. DM 26,50

HEFT 1419
Prof. Dr. phil. Adolf Rose, Dr.-Ing. Hans Paul Hougardy und Dr.-Ing. Albert Klein, Max-Planck-Institut für Eisenforschung, Düsseldorf
Der Einfluß der Unterkühlung auf die Kristallisationsformen von voreutektoidisch ausgeschiedenen Phasen und von eutektoidischen Phasengemengen
1964. 83 Seiten, 51 Abb., 4 Tabellen. DM 47,50

HEFT 1420
Prof. Dr. phil. Erich Scheil† und Dr. rer. nat. Hans Leo Lukas, im Auftrage des Vereins Deutscher Gießereifachleute, Düsseldorf
Messung des Dampfdruckes von magnesiumhaltigen Gußeisenschmelzen
1964. 19 Seiten, 8 Abb. DM 12,—

HEFT 1428
Prof. Dr.-Ing. Max Vater, Dipl.-Ing. Gerhard Nebe und Dipl.-Ing. Ansgar Schütze, Institut für Bildsame Formgebung der Rhein.-Westf. Technischen Hochschule Aachen
Mechanische Entzunderung von Blechen und Bändern

HEFT 1447
Dr. phil. Wolfgang Wepner, Max Planck-Institut für Eisenforschung, Düsseldorf
Restwiderstandsmessungen an reinem Eisen
1964. 23 Seiten, 5 Abb., 2 Tabellen. DM 12,50

HEFT 1448
Dr. rer. nat. Ralf Damm und Dr. rer. nat. Ernst Wachtel, Max-Planck-Institut für Metallforschung, Stuttgart, im Auftrage des Vereins Deutscher Gießereifachleute, Düsseldorf
Magnetische Messungen und kinetische Versuche an flüssigen Wismut–Mangan-Legierungen
In Vorbereitung

HEFT 1474
Prof. Dr.-Ing. Max Vater, Dipl.-Ing. Gerhard Nebe und Dipl.-Ing. Ansgar Schütze, Institut für Bildsame Formgebung der Rhein.-Westf. Technischen Hochschule Aachen
Beitrag zur mechanischen Entzunderung von Draht
In Vorbereitung

HEFT 1482
Prof. Dr. Th. Heumann und R. Schürmann, Institut für Metallforschung der Universität Münster
Über die Beeinflussung der Passivierbarkeit aktiver Metalle durch Zulegieren von Chrom und Nickel
In Vorbereitung

HEFT 1487
Dr.-Ing. Werner Schwenzfeier und Dr.-Ing. Oskar Pawelski, Max-Planck-Institut für Eisenforschung, Düsseldorf
Glühversuche an Stahldrähten in verschiedenen Ofenatmosphären

HEFT 1491
Prof. Dr.-Ing. Wilhelm Patterson, Prof. Dr.-Ing. Herwart Opitz und Dr.-Ing. Peter Copetti, Gießerei-Institut der Rhein.-Westf. Technischen Hochschule Aachen und Laboratorium für Werkzeugmaschinen und Betriebslehre der Rhein.-Westf. Technischen Hochschule Aachen
Zerspanbarkeit von Grauguß
In Vorbereitung

HEFT 1492
Dr. phil. nat. Max Hempel und Dr. rer. nat. Emil Hillnhagen, Max-Planck-Institut für Eisenforschung, Düsseldorf
Einfluß der Erschmelzungsart auf die Dauerschwingfestigkeit ungekerbter und gekerbter Proben eines Wälzlagerstahles
In Vorbereitung

HEFT 1495
Prof. Dr.-Ing. Wilhelm Patterson, Dr.-Ing. Helmut Brand und Dipl.-Ing. H. Traßl, Gießerei-Institut der Rhein.-Westf. Technischen Hochschule Aachen
Das Viskositätsverhalten flüssiger Bleilegierungen im Konzentrationsbereich der festen Löslichkeit
In Vorbereitung

HEFT 1496
Prof. Dr. phil. Karl Löhberg und Dipl.-Ing. Günther Kühl, Institut für Gießereikunde der Technischen Universität Berlin, im Auftrage des Vereins Deutscher Gießereifachleute, Düsseldorf
Einfluß von Magnesium und Cer auf die Viskosität behandelter Gußeisenschmelzen sowie Abbrand des Magnesiums und Änderung des Sauerstoffgehaltes in Abhängigkeit von der Abstehzeit
In Vorbereitung

HEFT 1502
Prof. Dr.-Ing. Wilhelm Patterson, Dr.-Ing. Walter Koppe und Dr.-Ing. Siegfried Engler, Gießerei-Institut der Rhein.-Westf. Technischen Hochschule Aachen
Untersuchungen zur Erstarrung und Speisung von Gußeisen
In Vorbereitung

HEFT 1503
Prof. Dr.-Ing. Max Vater, Dipl.-Ing. Gerhard Nebe und Dipl.-Ing. Ansgar Schütze, Institut für Bildsame Formgebung, Aachen
Beitrag zur Prüfung metallischer Strahlmittel
In Vorbereitung

HEFT 1534
Prof. Dr. phil. Adolf Rose, Max-Planck-Institut für Eisenforschung, Düsseldorf
Schweißbarkeit und Umwandlungsverhalten der Stähle
In Vorbereitung

HEFT 1552
Fachausschuß Stahlguß im Verein Deutscher Gießereifachleute, Düsseldorf, unter Leitung von Dipl.-Ing. Zimmermann
Einfluß der Oberflächenbeschaffenheit auf die Dauerfestigkeit von Stahlguß
In Vorbereitung

Verzeichnisse der Forschungsberichte aus folgenden Gebieten können beim Verlag angefordert werden:
Acetylen/Schweißtechnik – Arbeitswissenschaft – Bau/Steine/Erden – Bergbau – Biologie – Chemie – Eisenverarbeitende Industrie – Elektrotechnik/Optik – Energiewirtschaft – Fahrzeugbau/Gasmotoren – Farbe/Papier/Photographie – Fertigung – Funktechnik/Astronomie – Gaswirtschaft – Holzbearbeitung – Hüttenwesen/Werkstoffkunde – Kunststoffe – Luftfahrt/Flugwissenschaften – Luftreinhaltung – Maschinenbau – Mathematik – Medizin/Pharmakologie/NE-Metalle – Physik – Rationalisierung – Schall/Ultraschall – Schiffahrt – Textiltechnik/Faserforschung/Wäschereiforschung – Turbinen – Verkehr – Wirtschaftswissenschaft.

WESTDEUTSCHER VERLAG · KÖLN UND OPLADEN
567 Opladen/Rhld., Ophovener Straße 1–3

If you have any concerns about our products,
you can contact us on
ProductSafety@springernature.com

In case Publisher is established outside the EU,
the EU authorized representative is:
**Springer Nature Customer Service Center GmbH
Europaplatz 3, 69115 Heidelberg, Germany**

Printed by Libri Plureos GmbH
in Hamburg, Germany